U0660969

高等学校“十三五”应用型本科规划教材

《画法几何与建筑制图》思考与练习

主编　支剑锋

西安电子科技大学出版社

内 容 简 介

本书是支剑锋、胡元哲、谢泳主编《画法几何与建筑制图》的配套练习用书。全书共 12 章，包括制图的基础知识，点、直线、平面的投影，直线与平面、平面与平面的相对位置，曲线和曲面，基本形体的投影，截交线和相贯线，组合体的投影，轴测投影，建筑图样的画法，建筑施工图，结构施工图和机械图等。

考虑到不同专业的差异，书中选用的习题涵盖知识点全面，内容丰富，各章题目数量留有一定余量，教师可根据教学实际选用。

本书可作为应用型本科院校土木类专业、建筑类专业及工程管理等相关专业教学用书，也可供应用型、技能型各类院校相关专业使用。

图书在版编目(CIP)数据

《画法几何与建筑制图》思考与练习/支剑锋主编，
—西安：西安电子科技大学出版社，2015.9 (2019.7 重印)
高等学校“十三五”应用型本科规划教材
ISBN 978-7-5606-3625-2

Ⅰ. ① 画… Ⅱ. ① 支… Ⅲ. ① 画法几何—高等学校—教学参考资料
② 建筑制图—高等学校—教学参考资料Ⅳ. ① TU204

中国版本图书馆 CIP 数据核字(2015)第 189694 号

策　　划　戚文艳
责任编辑　马武装
出版发行　西安电子科技大学出版社(西安市太白南路 2 号)
电　　话　(029)88242885　88201467　　邮　　编　710071
网　　址　www.xduph.com　　电子邮箱　xdupfxb001@163.com
经　　销　新华书店
印刷单位　陕西天意印务有限责任公司
版　　次　2015 年 9 月第 1 版　2019 年 7 月第 2 次印刷
开　　本　787 毫米×1092 毫米　1/16　印　张　16.5
字　　数　195 千字
印　　数　3001～5000 册
定　　价　35.00 元
ISBN 978-7-5606-3625-2/TU
XDUP 3917001-2

出版说明

本书为西安科技大学高新学院课程建设的最新成果之一。西安科技大学高新学院是经教育部批准，由西安科技大学主办的全日制普通本科独立学院。学院秉承西安科技大学50年厚重的历史文化传统，充分利用西安科技大学优质教育教学资源，开创了一条以“产学研”相结合为特色的办学路子，成为一所特色鲜明、管理规范的本科独立学院。

学院开设本、专科专业32个，涵盖工、管、文、艺等多个学科门类，在校学生1.5万余人，是陕西省在校学生人数最多的独立学院。学院是“中国教育改革创新示范院校”，2010、2011连续两年被评为“陕西最佳独立学院”。2013年被评为“最具就业竞争力”院校，部分专业已被纳入二本招生。2014年学院又获“中国教育创新改革示范”殊荣。

学院注重教学研究与教学改革，实现了陕西独立学院国家级教改项目零的突破。学院围绕“应用型创新人才”这一培养目标，充分利用合作各方在能源、建筑、机电、文化创意等方面的产业优势，突出以科技引领、产学研相结合的办学特色，加强实践教学，以科研、产业带动就业，为学生提供了实习、就业和创业的广阔平台。学院注重国际交流合作和国际化人才培养模式，与美国、加拿大、英国、德国、澳大利亚以及东南亚各国进行深度合作，开展本科双学位、本硕连读、本升硕、专升硕等多个人才培养交流合作项目。

在学院全面、协调发展的同时，学院以人才培养为根本，高度重视以课程设计为基本内容的各项专业建设，以扎扎实实的专业建设，构建学院社会办学的核心竞争力。学院大力推进教学内容和教学方法的变革与创新，努力建设与时俱进、先进实用的课程教学体系，在师资队伍、教学条件、社会实践及教材建设等各个方面，不断增加投入、提高质量，为广大学子打造能够适应时代挑战、实现自我发展的人才培养模式。为此，学院与西安电子科技大学出版社合作，发挥学院办学条件及优势，不断推出反映学院教学改革与创新成果的新教材，以逐步建设学校特色系列教材为又一举措，推动学院人才培养质量不断迈向新的台阶，同时为在全国建设独立本科教学示范体系，服务全国独立本科人才培养，做出有益探索。

西安科技大学高新学院
西安电子科技大学出版社
2015年6月

高等学校“十三五”应用型本科规划教材

编审专家委员会名单

前　　言

本书是根据应用型本科院校土木类、建筑类专业“画法几何与建筑制图”课程教学的基本要求，结合编者多年的教学经验而编写的。与支剑锋、胡元哲、谢泳主编的《画法几何与建筑制图》配套使用。

本书采用了中华人民共和国住房和城乡建设部，中华人民共和国国家质量监督检验检疫总局最新联合发布的《房屋建筑制图统一标准》(GB / 50001—2010)、《建筑制图标准》(GB / T 50104—2010)、《总图制图标准》(GB / T 50103—2010)等国家标准。

本书选用的习题涵盖知识点全面，形式多样，各章题目数量留有一定余量，教师可根据教学实际选用。

本书由西安科技大学工程图学系支剑锋担任主编。具体编写分工如下：第 1 章至第 9 章、第 12 章由支剑锋编写；第 10 章、第 11 章由胡元哲编写。

本书在编写过程中得到了西安科技大学工程图学系及西安科技大学高新学院等单位许多领导和老师的支持与帮助，在此表示衷心的感谢！

本书在编写过程中，参考和引用了国内外专家、学者编著的教材、图例，在此特向被引用资料的编著者表示衷心的感谢！

限于水平和其他条件，书中难免有不当之处，敬请广大同仁和读者批评、指正。

编者

2015 年 6 月

目　　录

第1章　制图的基础知识

思考题。

(1) 图纸幅面代号有哪些？相邻图幅大小关系是什么？

(2) A0图纸是多大幅面？A3图纸是多大幅面？

(3) 图线粗线*b*可取哪些值？粗、中粗、中、细四种线宽之间是什么关系？

(4) 图线的类型有哪些？它们的常见用途是什么？

(5) 图样上字体采用的是哪种字体？其字高和字宽的比例是多少？

(6) 什么是比例？绘图时比例是如何确定的？

(7) 尺寸标注的基本要素有哪些？

(8) 尺寸线、尺寸界线、尺寸终止符号分别用什么线型绘制？

(9) 手工绘图常用的绘图工具有哪些？

(10) 如何通过作图的方式将线段等分？

(11) 如何绘制正六边形和正五边形？

(12) 圆弧连接的基本步骤是什么？

(13) 如何用“四心法”绘制椭圆？

(14) 什么是定形尺寸？什么是定位尺寸？

(15) 平面图形的绘图步骤是什么？

1.1 思考题	班级		姓名		学号	

1. 抄写下列汉字。

线型尺寸标注建筑制图民用工业厂房方向

基础梁板柱东西南北线线投影轴测图立面

楼板角墙柱楼梯承重钢结构屋面阳台雨棚墙角散水斜坡

水泥沙子砖瓦片木头排水给水门推拉窗防盗把手剖面图

专业班级建筑工业设计专专计算机测控毛石地质信息测量通信材料混凝土

专业班级建筑工业设计专专计算机测控毛石地质信息测量通信材料混凝土

1.2 字体练习	班级		姓名		学号	

2. 抄写下列字母和数字。

ABCDEFGJKLMNPQRSTU

A B C D E F G J K L M N P Q R S T U

A B C D E F G J K L M N P Q R S T U

ab cd ef gh jk lm np qr st

a b c d e f g h j k l m n p q r s t u v

a b c d e f g h j k l m n p q r s t u

0 1 2 3 4 5 6 7 8 9 R Ø SR SØ EQS C

α β γ δ θ λ μ σ ω I II III IV V VI VII VIII IX

1.2 字体练习	班级		姓名		学号	

1. 在指定位置绘制下列各类线型。

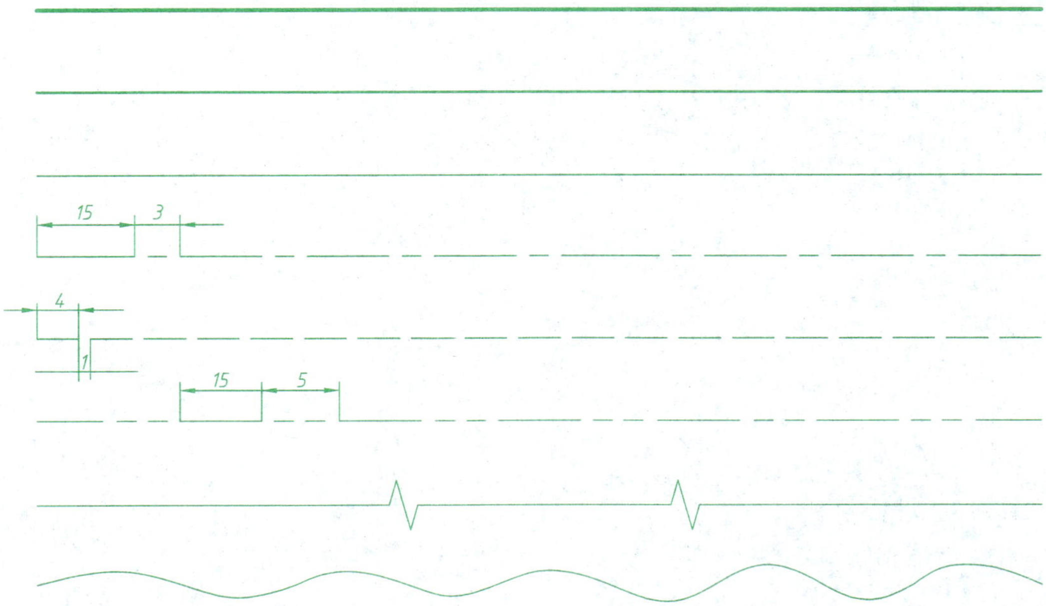

1.3 线型练习	班级		姓名		学号	

2. 用A3图纸，1∶1的比例绘制所给图样(要求线型粗细分明，交接正确)。

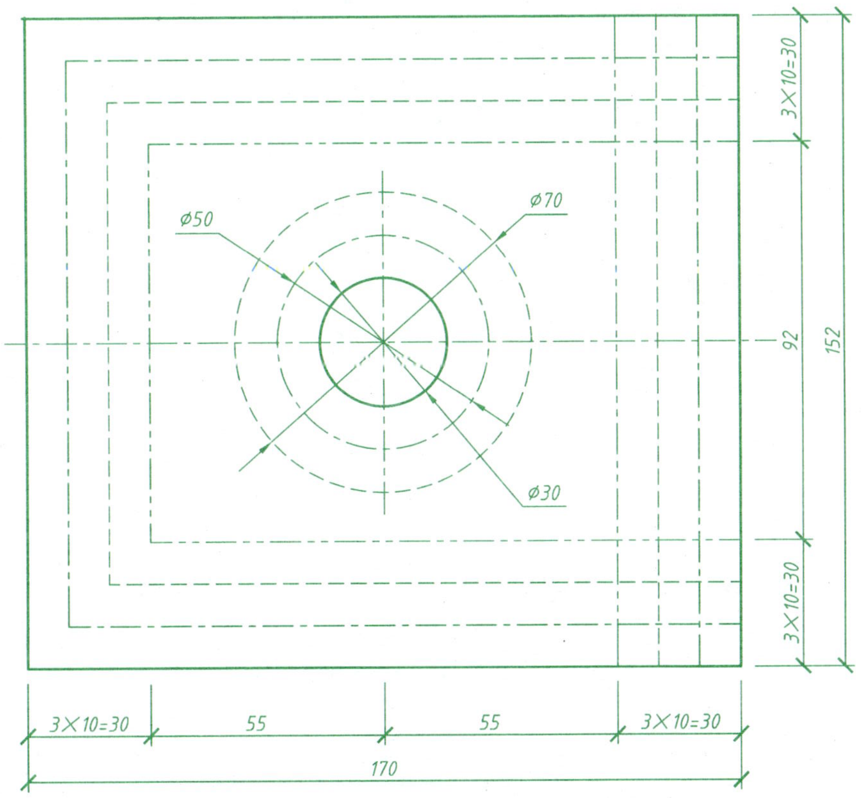

线型练习 1:1

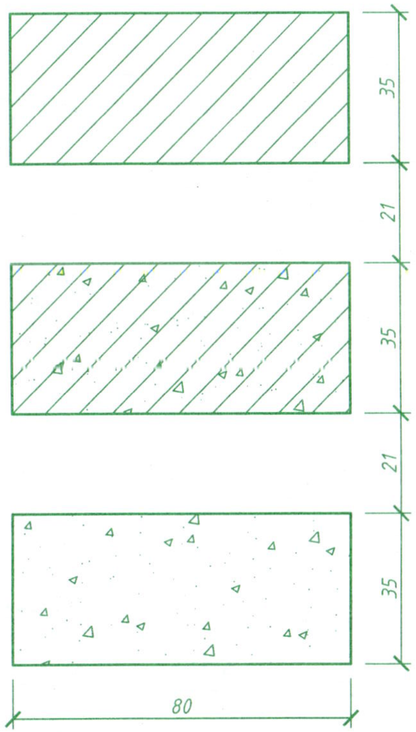

材料图例 1:1

1.3 线型练习	班级		姓名		学号	

3. 用A3图纸，1∶1的比例绘制所给图样(要求线型粗细分明，交接正确)。

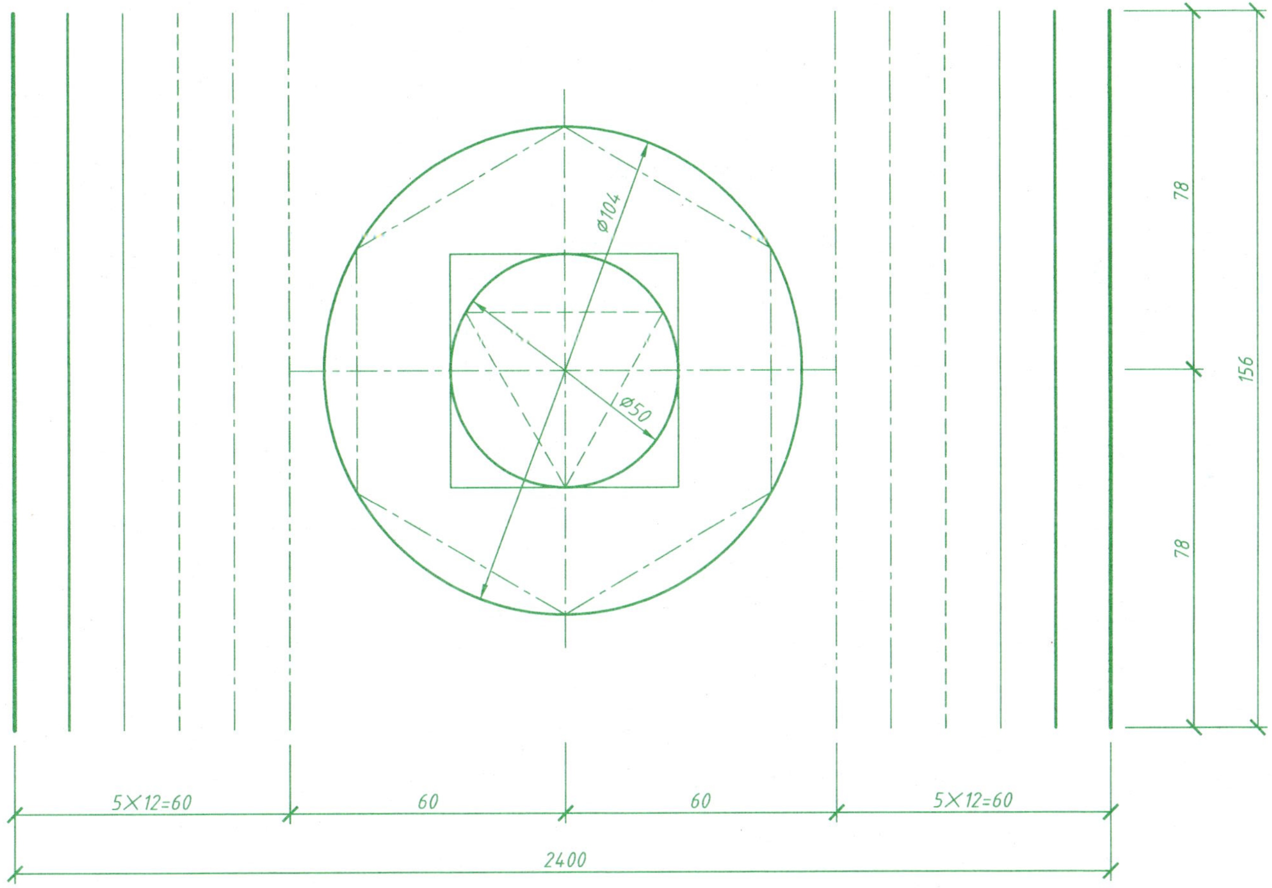

1.3 线型练习	班级		姓名		学号	

用A3图纸，1∶1的比例绘制所给图样(要求线型粗细分明，圆弧连接正确)。

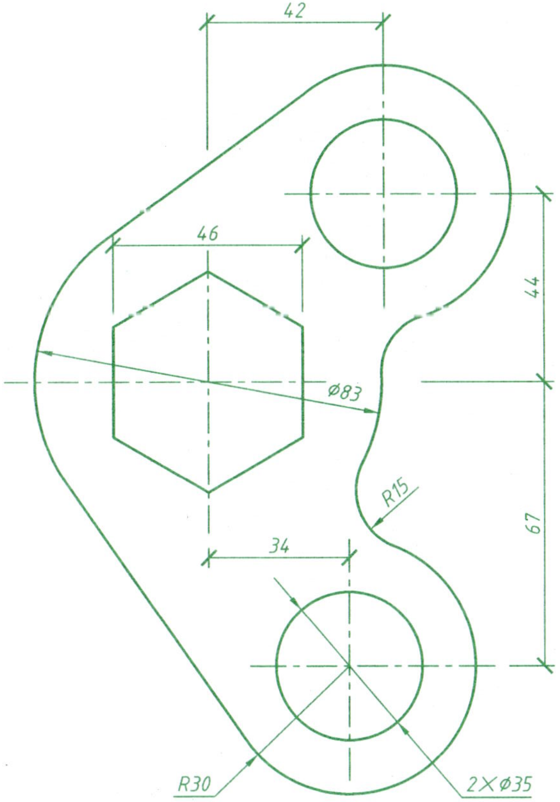

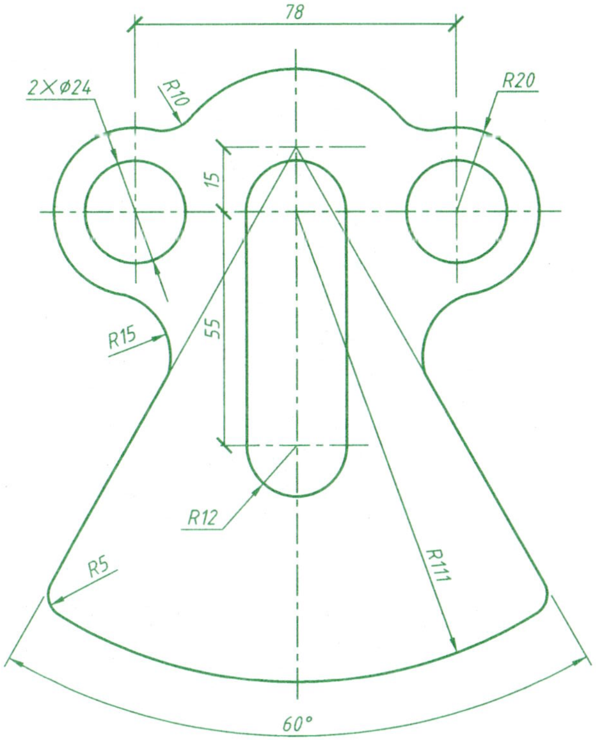

1.4 几何作图	班级		姓名		学号	

1. 用A3图纸，用1∶50的比例绘制所给图样(要求线型正确，尺寸标注无误)。

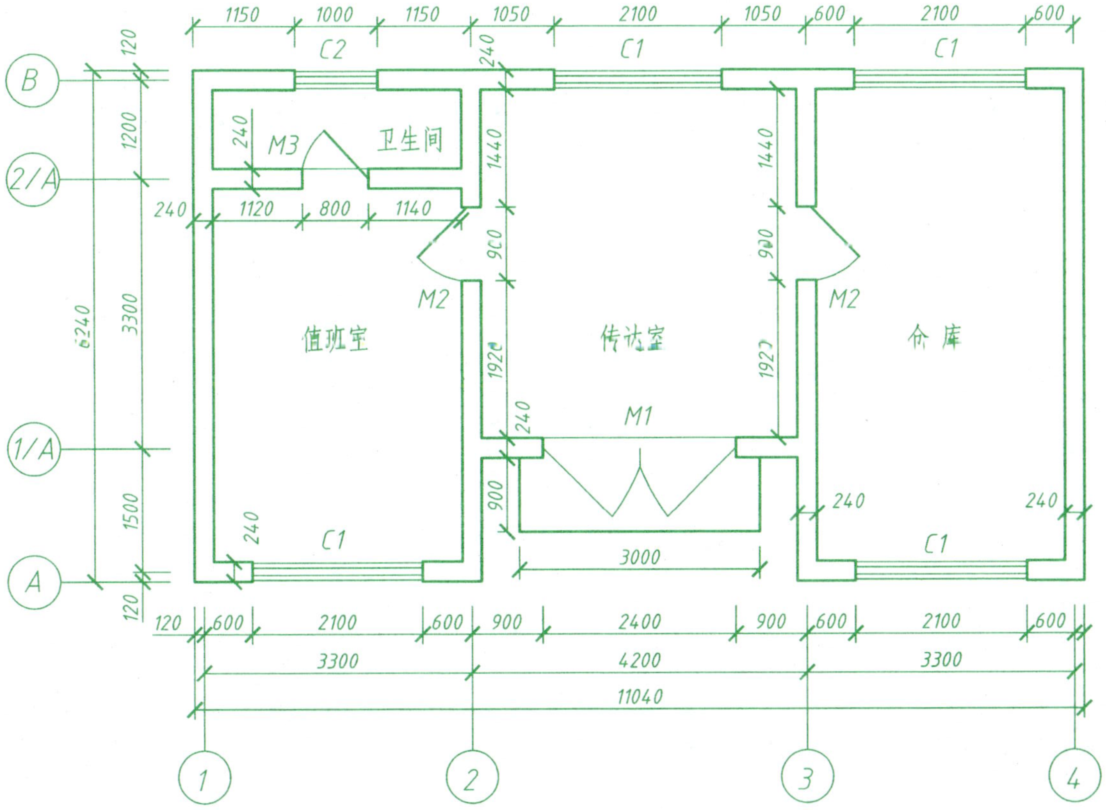

平面图 1∶50

1.5 尺寸标注	班级		姓名		学号	

2. 标注尺寸(尺寸数值直接从图上量取，取整数)。

(1)

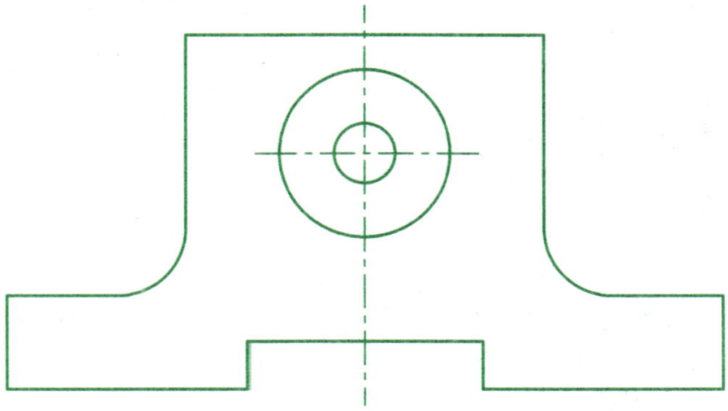

(2)

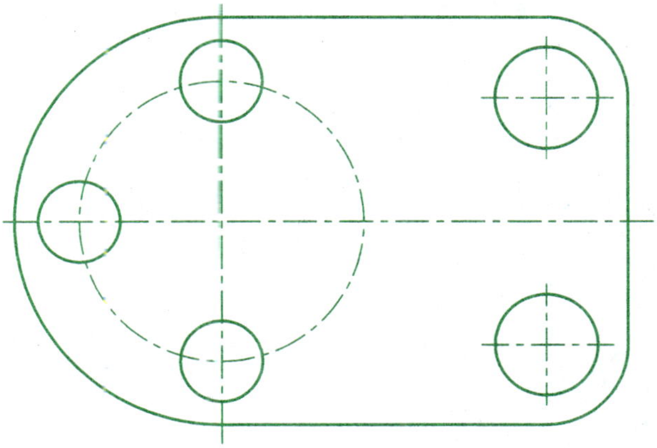

1.5 尺寸标注	班级		姓名		学号	

第2章　点、直线、平面的投影

思考题。

(1) 投影是如何形成的？

(2) 投影可分为哪些类别？

(3) 点的两面投影有什么特点？

(4) 点的三面投影有什么特点？

(5) 点的投影与坐标是什么关系？

(6) 两点的相对位置是如何界定的？

(7) 什么是重影点？其可见性如何界定？

(8) 直线对投影面的相对位置有哪些？他们的投影特点是什么？

(9) 直线上的点有什么投影特点？

(10) 如何求作线段的实长与倾角？

(11) 两直线的相对位置有哪些？投影特点是什么？

(12) 平面的表示法有哪些？

(13) 平面对投影面的相对位置有哪些？他们的投影特点是什么？

(14) 如何判定点或直线在平面上？

2.1 思考题	班级		姓名		学号	

1. 根据点的两面投影，求作它们的第三投影。

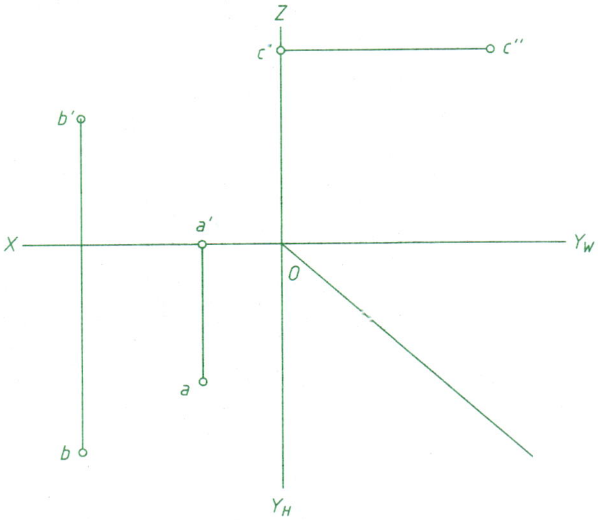

2. 已知点B在点A左边20 mm，上方15 mm，前方15 mm，点C在点A正下方5 mm，作出它们的第三投影。

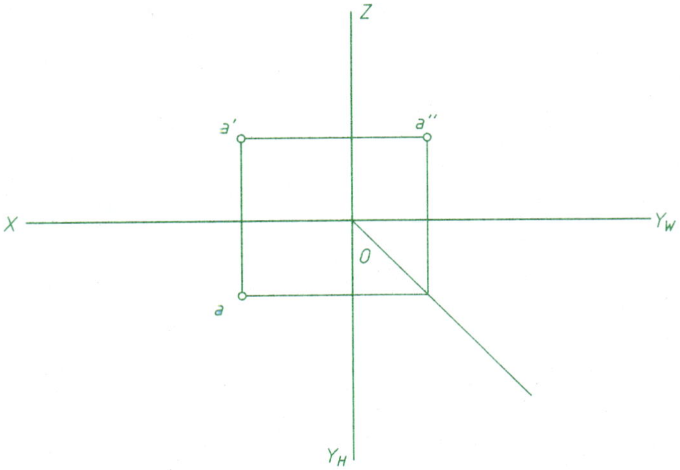

2.2 点的投影	班级		姓名		学号	

3. 根据点的两面投影，求作它们的第三投影。

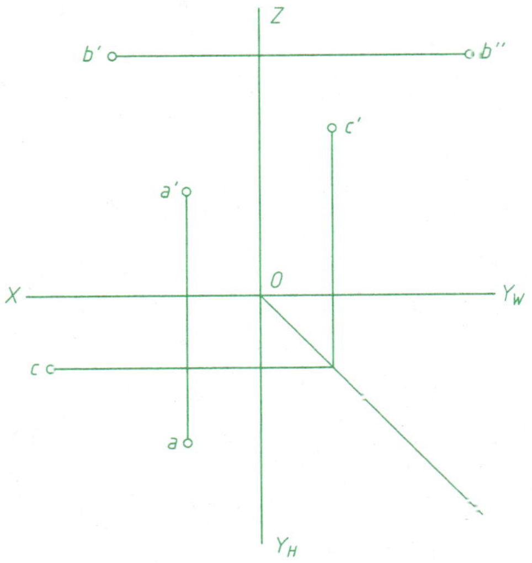

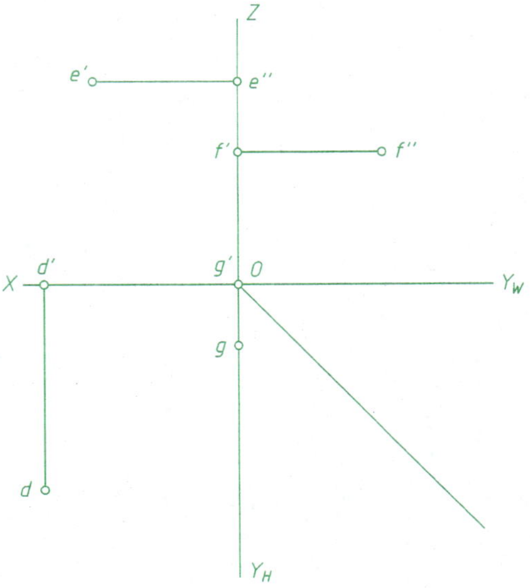

4. 根据A、B两点的两面投影，求作它们的第三投影并判断其相对位置。

(1) 点A在点B的(　　　　　)方。

(2) 点B在点A的(　　　　　)方。

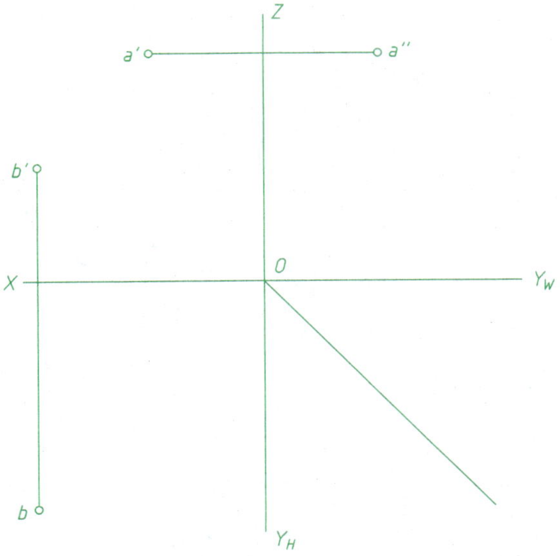

2.2 点的投影	班级		姓名		学号	

1.求作直线的第三投影，并判别直线与投影面的相对位置。

(1)

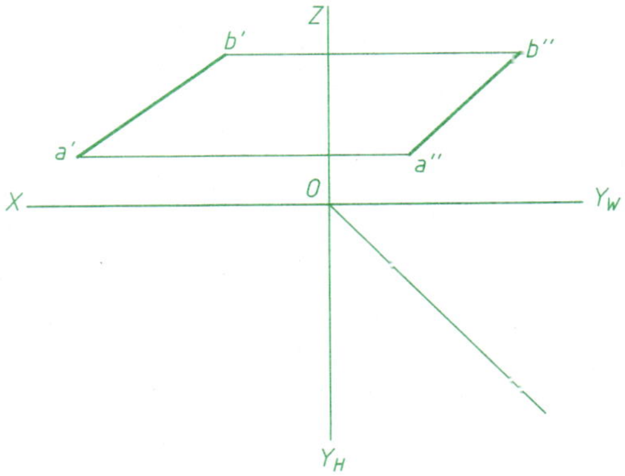

AB是(　　　　　　　　　　)线

(2)

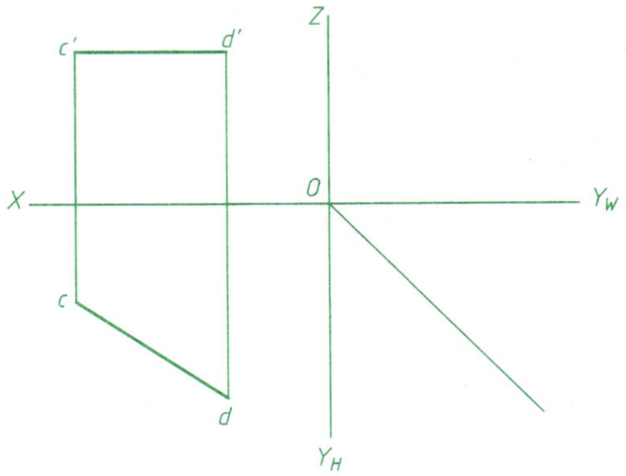

CD是(　　　　　　　　　　)线

(3)

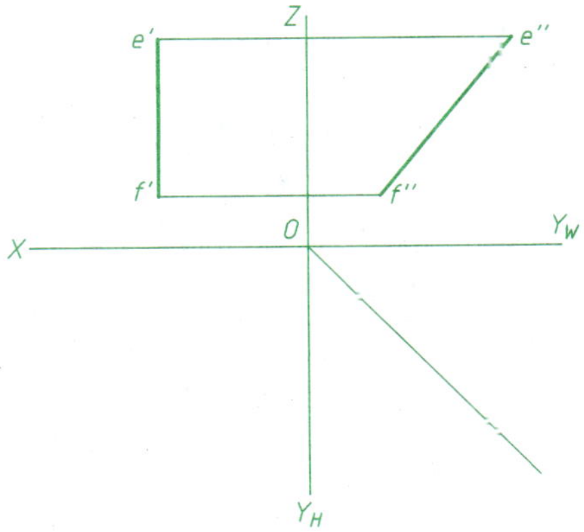

EF是(　　　　　　　　　　)线

(4)

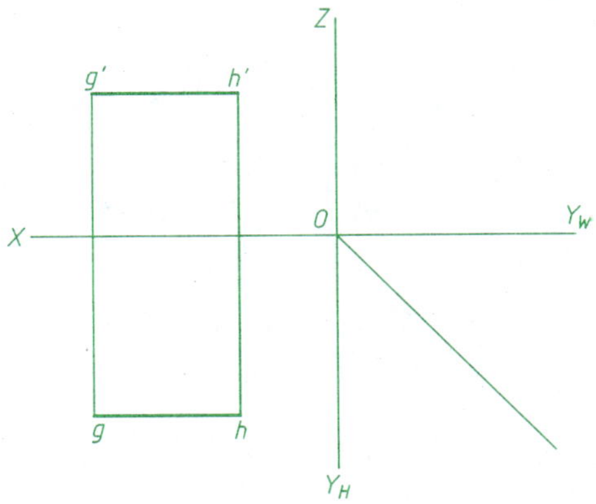

GH是(　　　　　　　　　　)线

2.3 直线的投影	班级		姓名		学号	

2. 已知AB平行H面，AB=35，β=45°，B在A的左后方，完成AB的三面投影。

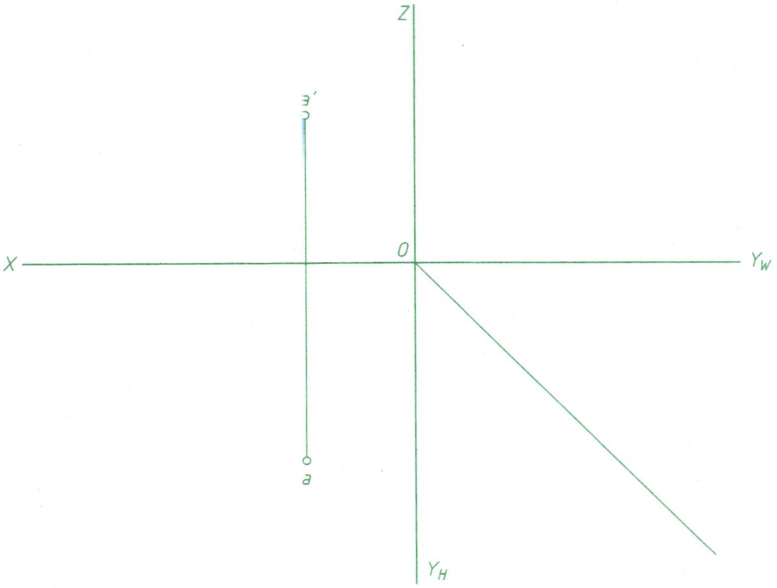

3. 已知AB对V面的倾角β=30°，完成AB的正面投影。

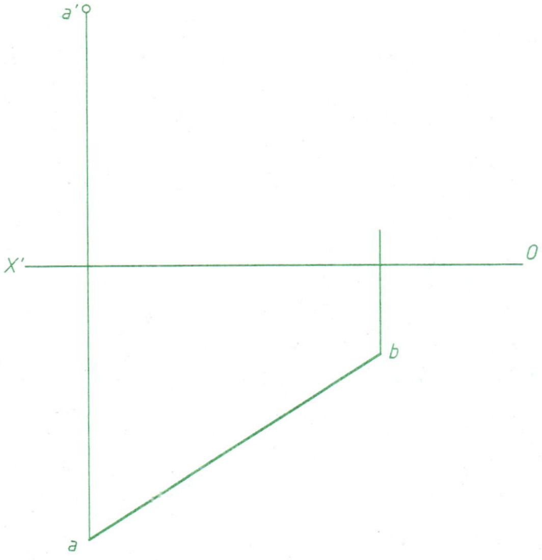

2.3 直线的投影	班级		姓名		学号	

4. 已知AB的两投影，求作AB的实长及对H面的倾角α。

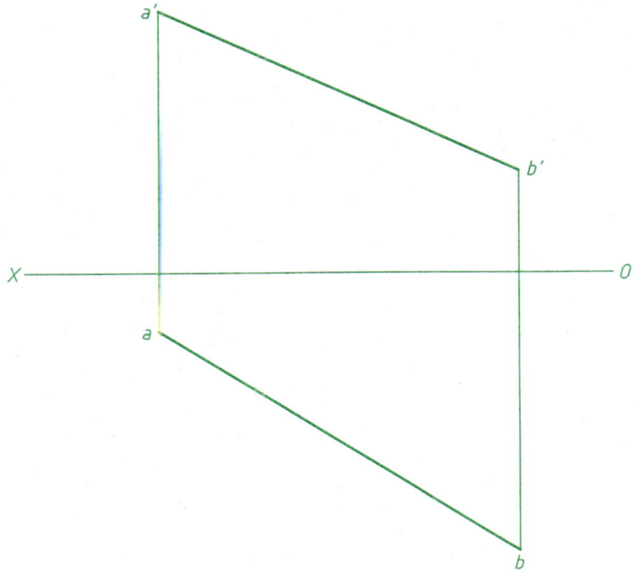

5. 在AB上取点E，使E点距离H面25 mm。

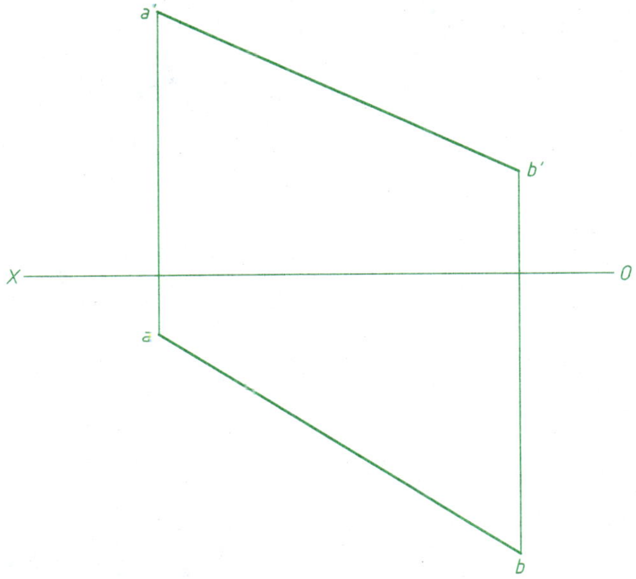

2.3 直线的投影	班级		姓名		学号	

6. 在AB上取点C，使AC=25 mm。

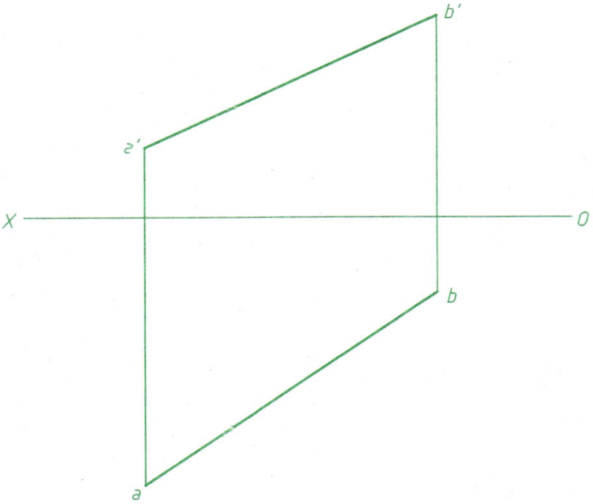

7. 已知AB与AC相等，求AC。

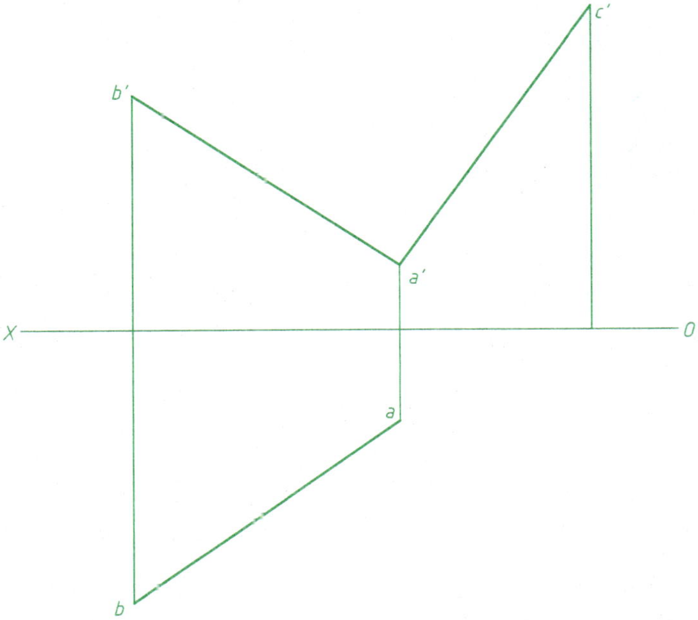

8. 判断两直线的相对位置。

(1)

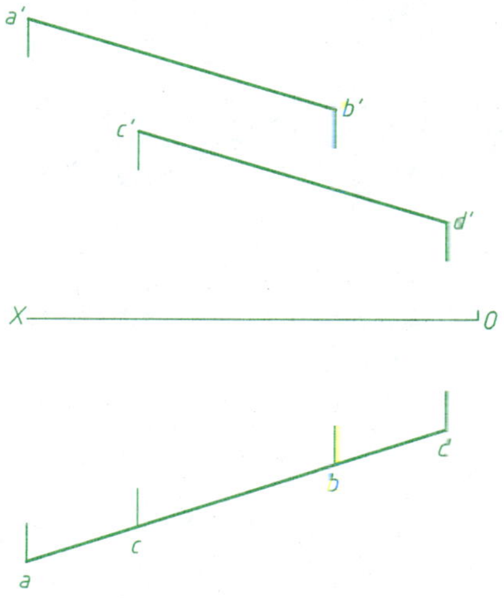

*AB*与*CD*相互(　　　　　　　　　)

(2)

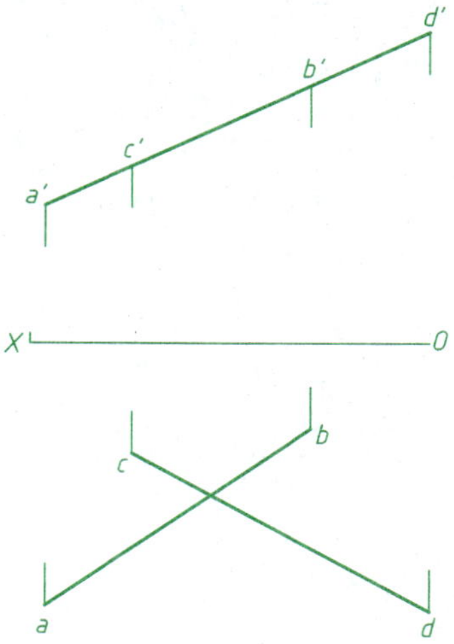

*AB*与*CD*相互(　　　　　　　　　)

(3)

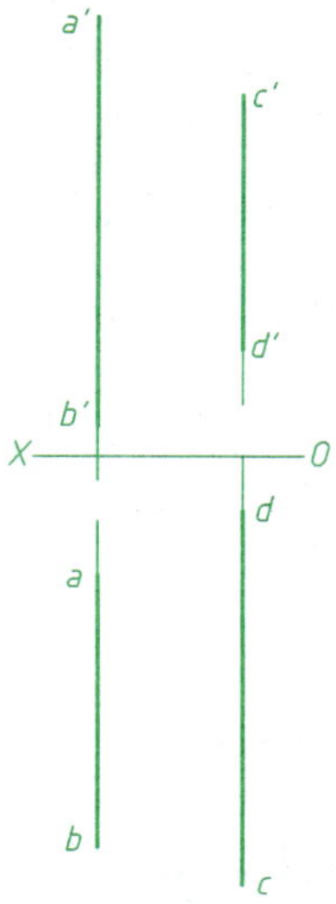

*AB*与*CD*相互(　　　　　　　　　)

(4)

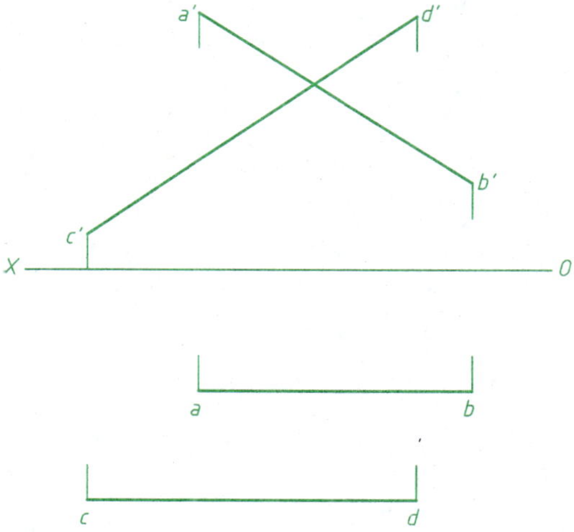

*AB*与*CD*相互(　　　　　　　　　)

2.3 直线的投影	班级		姓名		学号	

9. 求作交叉直线AB与CD的重影点。

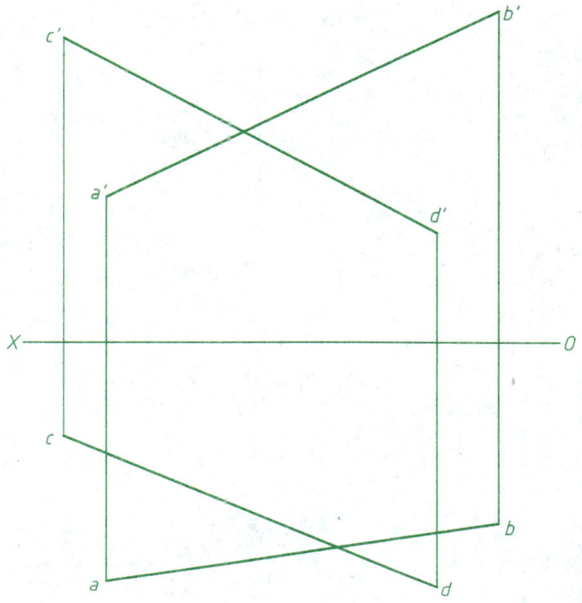

10. 过点A作与直线MN相交的水平线AB和正平线AC。

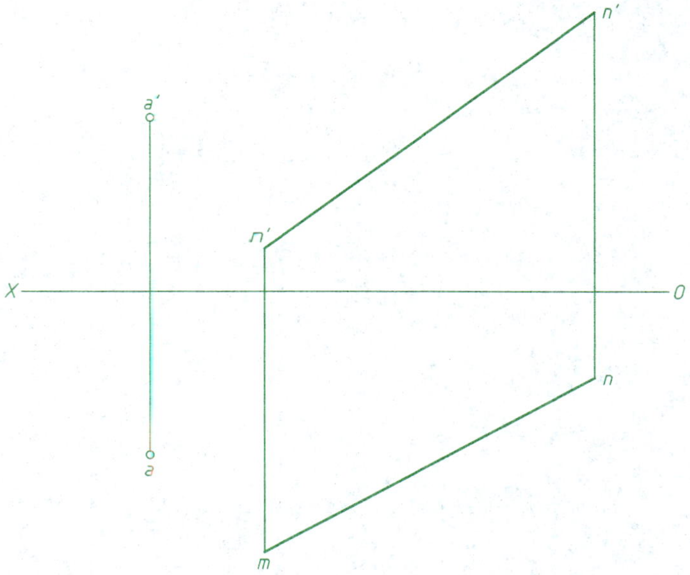

2.3 直线的投影	班级		姓名		学号	

11. 求作直线MN，使其与AB平行，与CD相交。

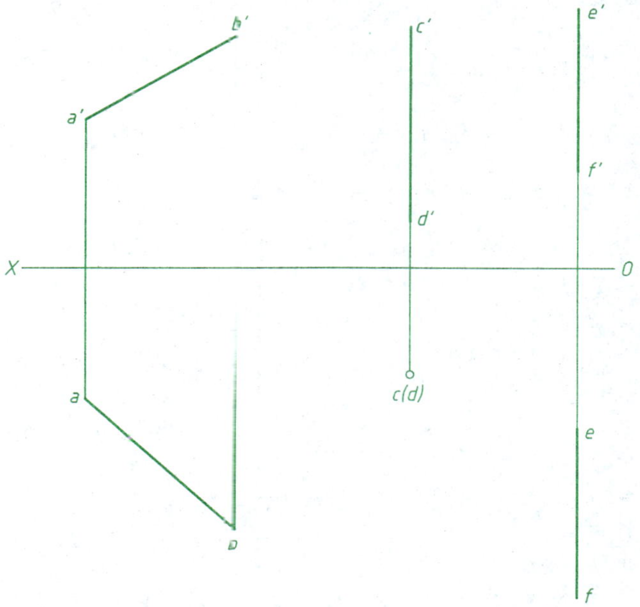

12. 判断直线是否垂直。

(1)

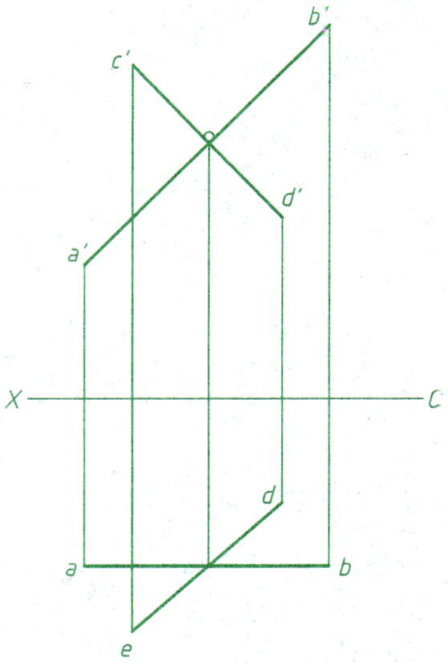

AB与CD(　　　　　　　　)

(2)

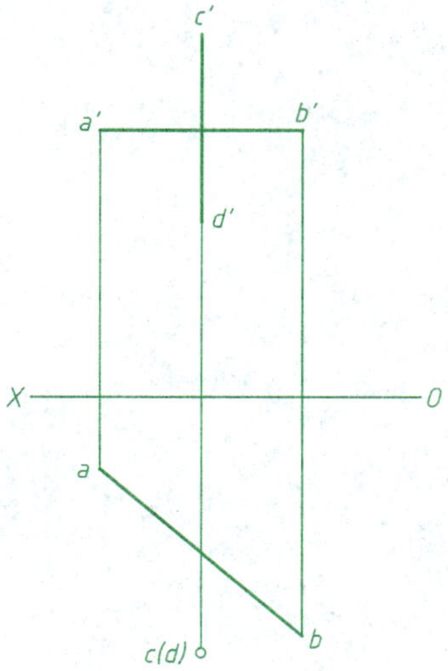

AB与CD(　　　　　　　　)

2.3 直线的投影	班级		姓名		学号	

13. 求作过点K与直线AB垂直相交的直线KL，L为垂足。

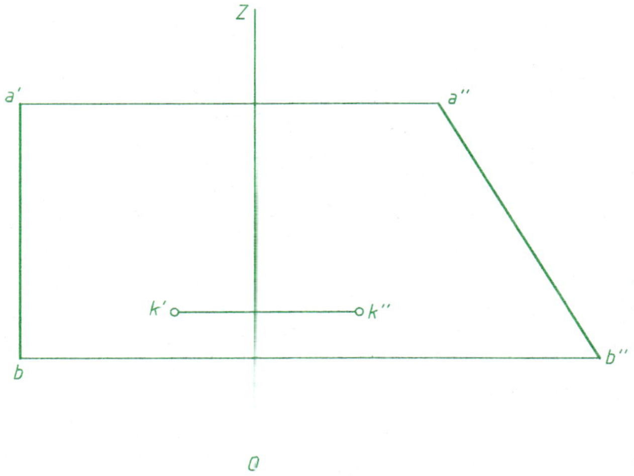

14. 求两平行线之间的距离。

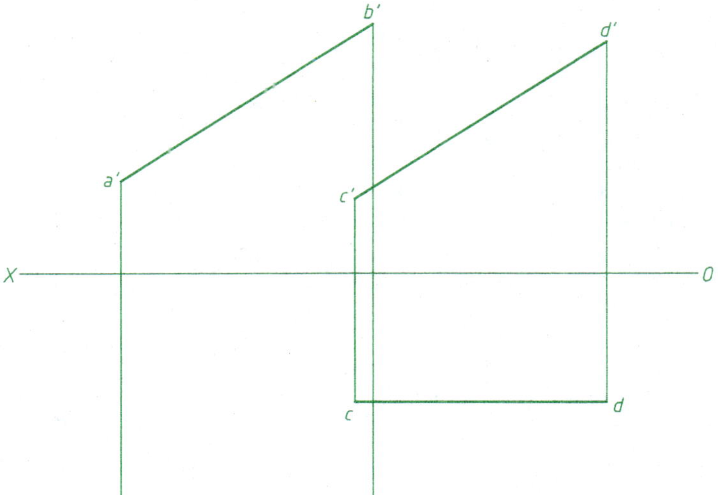

2.3 直线的投影	班级		姓名		学号	

15. 求作交叉直线的公垂线MN，其中M、N分别为AB和CD上的垂足。

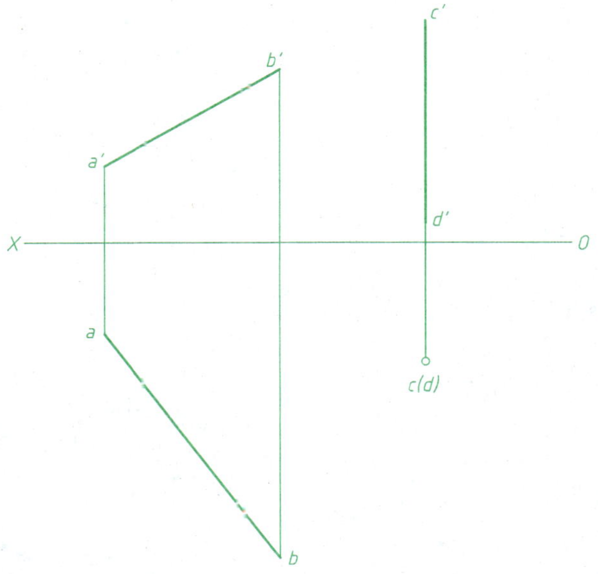

16. 已知正方形$ABCD$的BC边在MN上，完成正方形$ABCD$的投影。

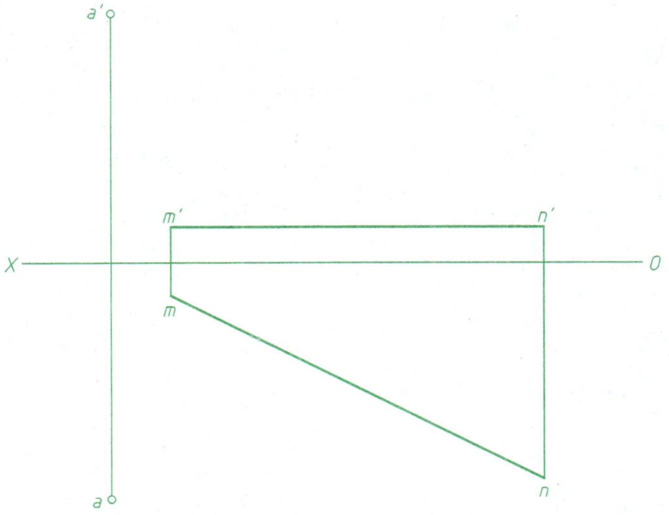

2.3 直线的投影	班级		姓名		学号	

1. 判别平面与投影面的相对位置。

(1)

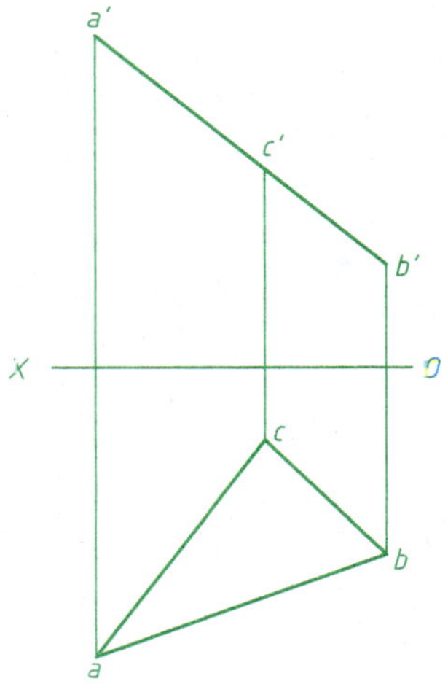

平面是(　　　　　)面

(2)

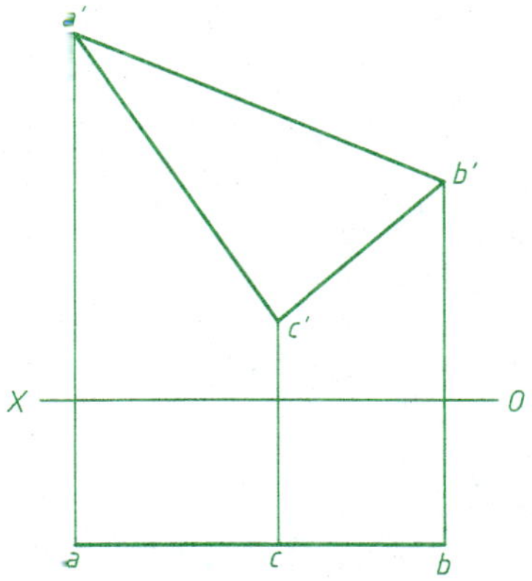

平面是(　　　　　)面

(3)

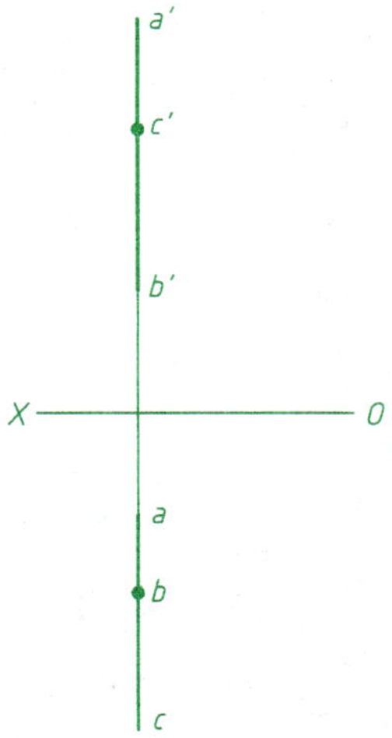

平面是(　　　　　)面

2. 求平面的第三投影，并判别其与投影面的相对位置。

(1)

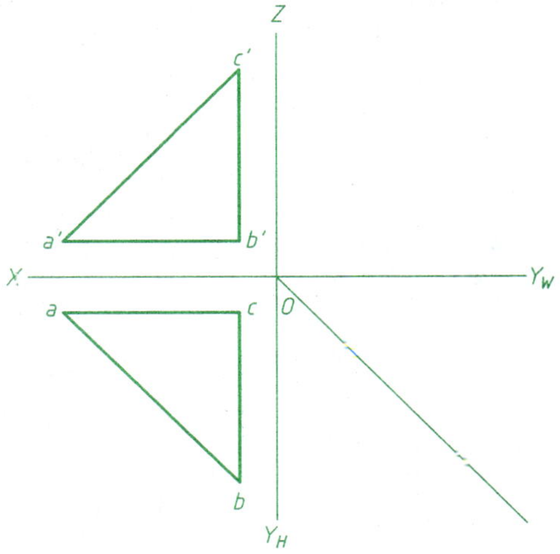

平面是(　　　　　)面

(2)

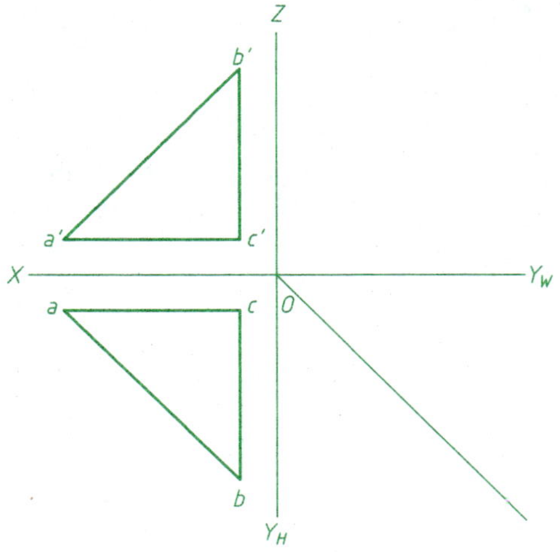

平面是(　　　　　)面

2.4 平面的投影	班级		姓名		学号	

3. 已知等腰直角三角形ABC的角β等于90°，求其两投影。

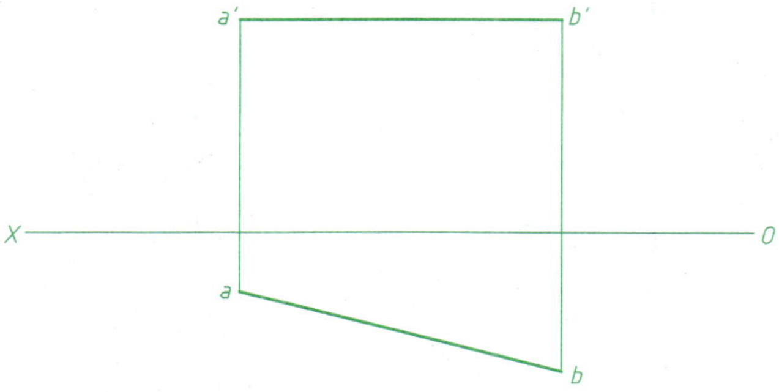

4. 已知点K在平面ABC上，求点K的另一个投影。

(1)

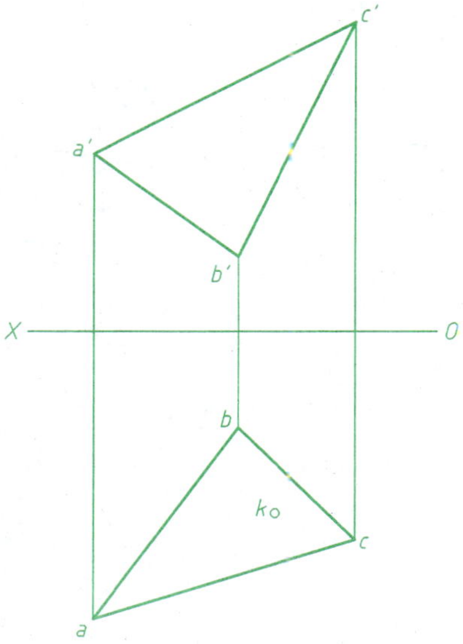

(2)

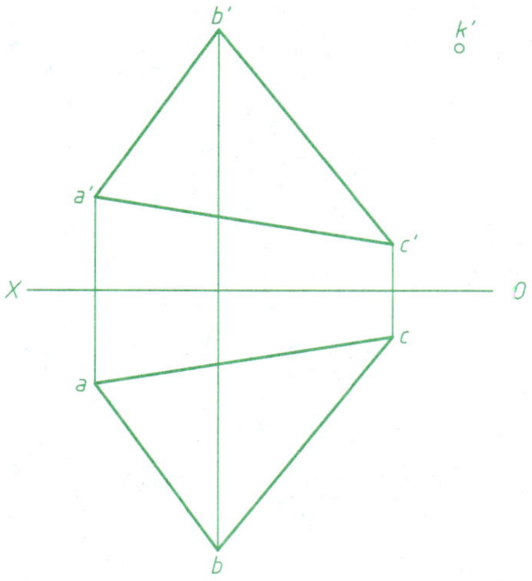

2.4 平面的投影	班级		姓名		学号	

5. 已知直线*EF*在平面*ABC*上，求*EF*的另一个投影。

(1)

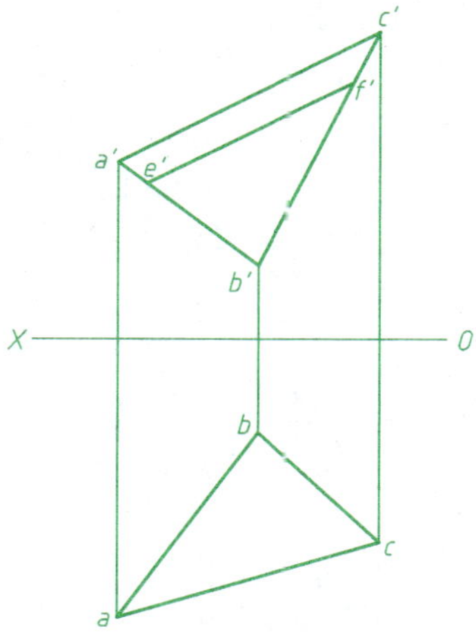

(2)

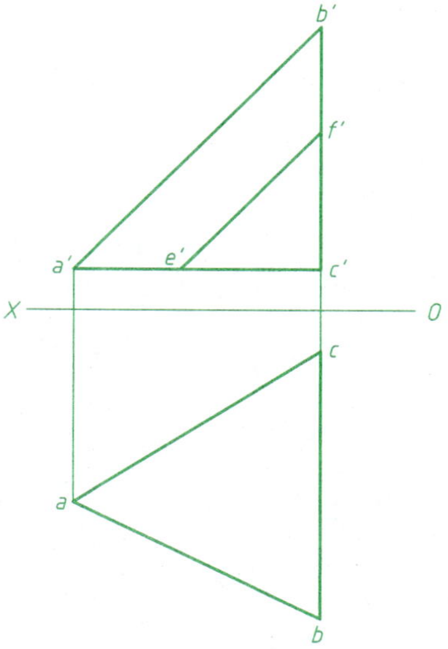

6. 完成平面*ABCD*的*H*面投影。

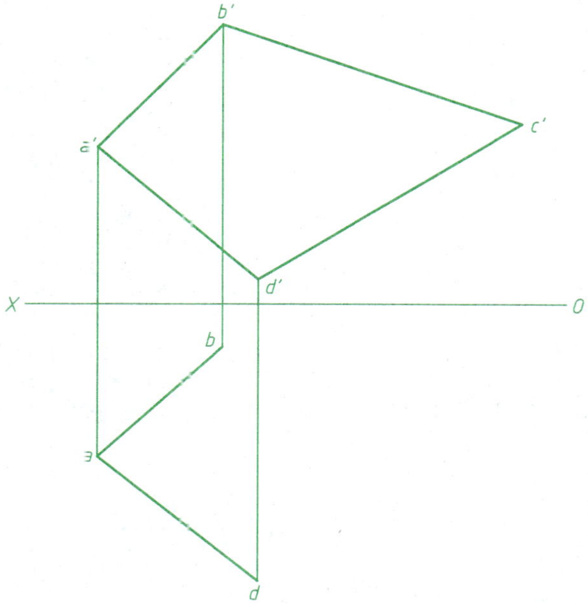

2.4 平面的投影	班级		姓名		学号	

7. 在平面ABC上作正平线EF，使其到V面的距离是35 mm。

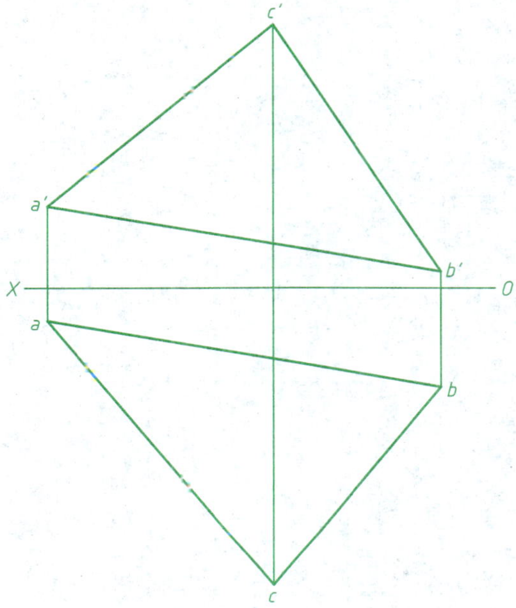

8. 在平面ABC上取点K，使其到H面的距离是35 mm，到V面的距离是25mm。

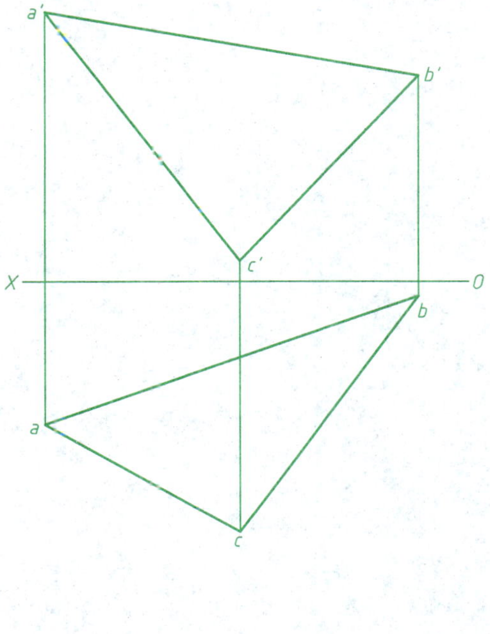

2.4 平面的投影	班级		姓名		学号	

第3章　直线与平面、平面与平面的相对位置

思考题。

(1) 如何判定直线与平面平行？

(2) 如何判定平面与平面平行？

(3) 一般位置直线与特殊位置平面相交如何求交点？如何判别可见性？

(4) 特殊位置直线与一般位置平面相交如何求交点？如何判别可见性？

(5) 一般位置平面与特殊位置平面相交如何求交线？如何判别可见性？

(6) 一般位置直线与一般位置平面相交如何求交点？如何判别可见性？

(7) 两个一般位置平面相交如何求交线？如何判别可见性？

(8) 如何判定直线与平面是垂直的？

(9) 如何判定平面与平面是垂直的？

(10) 什么是换面法？

(11) 换面法的基本变换有哪些？

3.1 思考题	班级		姓名		学号	

1. 判断直线与平面是否平行。

(1)

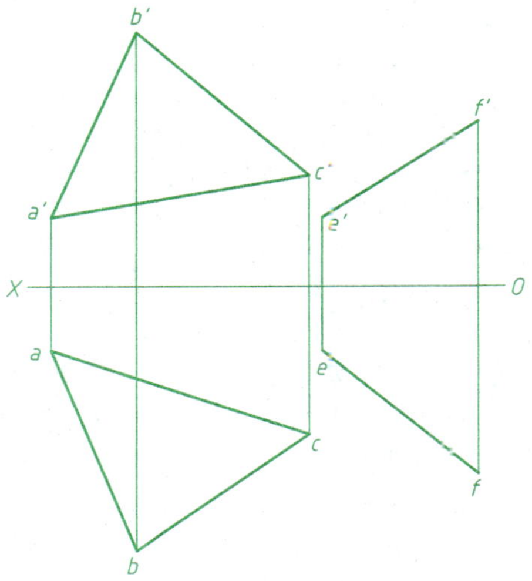

(　　　　　　　　)

(2)

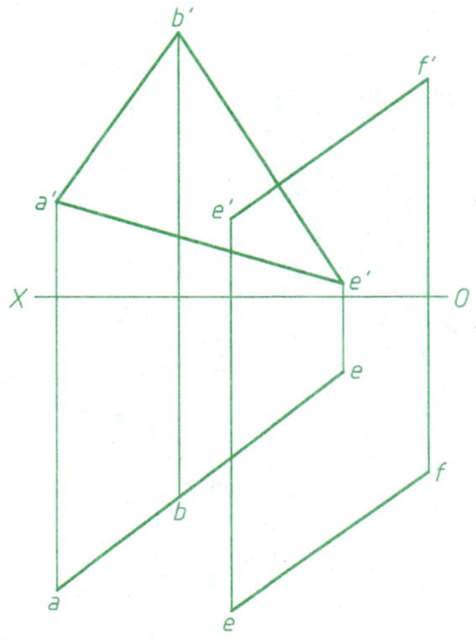

(　　　　　　　　)

2. 判断平面与平面是否平行。

(1)

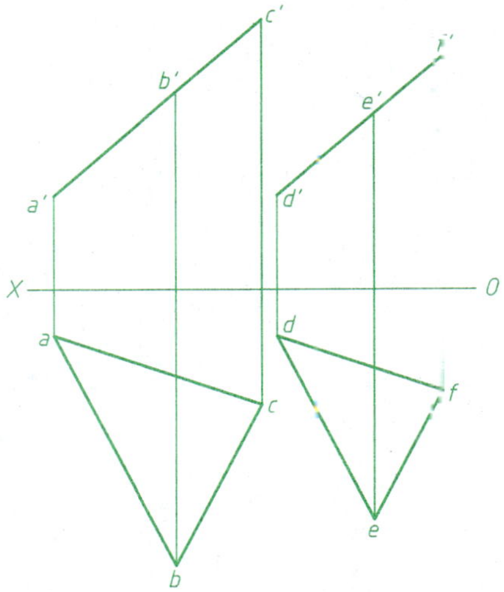

(　　　　　　　　)

(2)

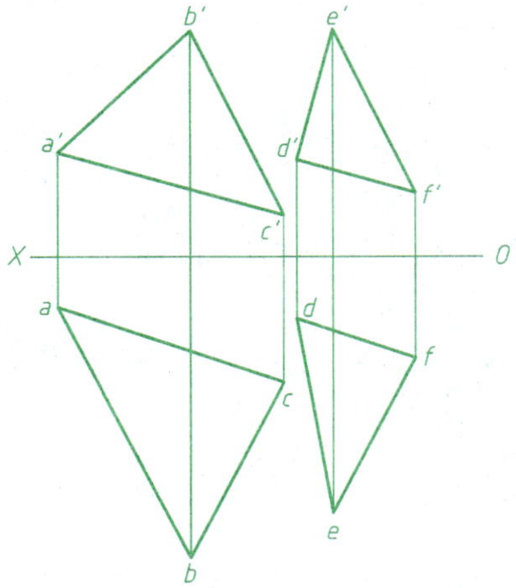

(　　　　　　　　)

3.2 直线与平面、平面与平面的平行	班级		姓名		学号	

3. 过点K作一条与平面DEF平行的三平线，长度为30 mm。

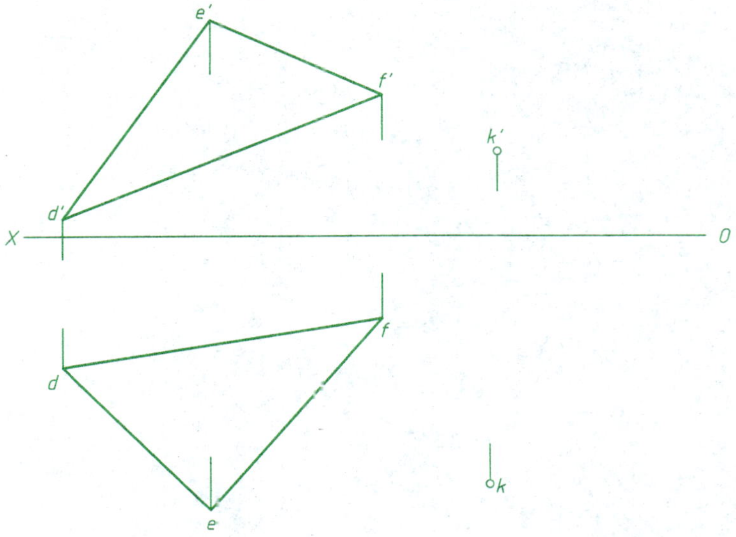

4. 过直线BC作平面平行于直线DE；过点A作铅垂面平行于直线DE。

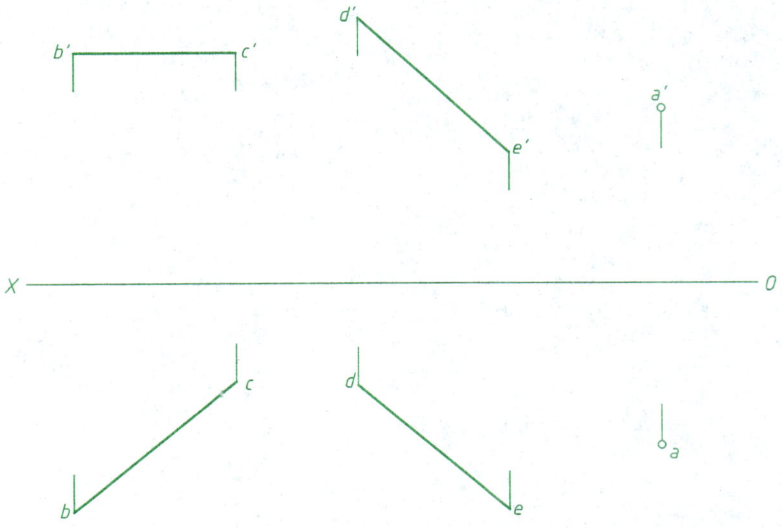

3.2 直线与平面、平面与平面的平行	班级		姓名		学号	

1. 求直线与平面的交点，并判别可见性。

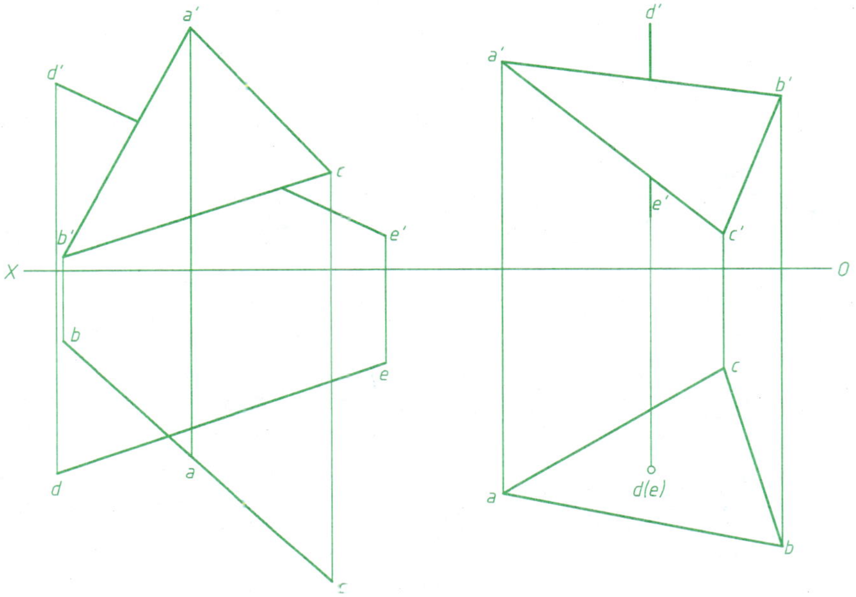

2. 求垂直平面与垂直平面的交线，并判别可见性。

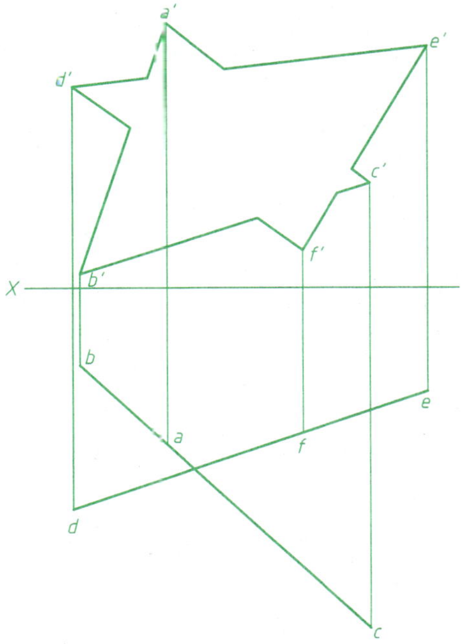

3.3 直线与平面、平面与平面的相交	班级		姓名		学号	

3. 求垂直平面与一般位置平面的交线，并判别可见性。

(1)

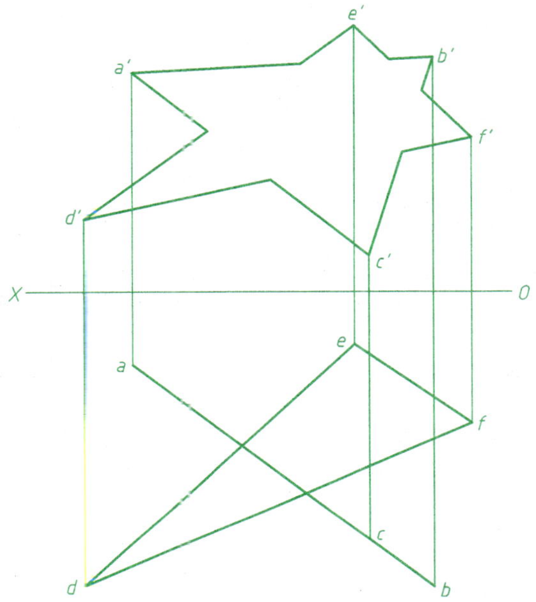

(2)

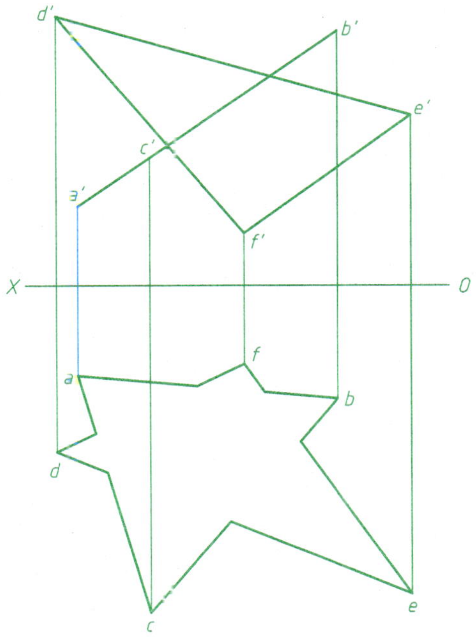

3.3 直线与平面、平面与平面的相交	班级		姓名		学号	

4. 求直线与平面的交点，并判别可见性。

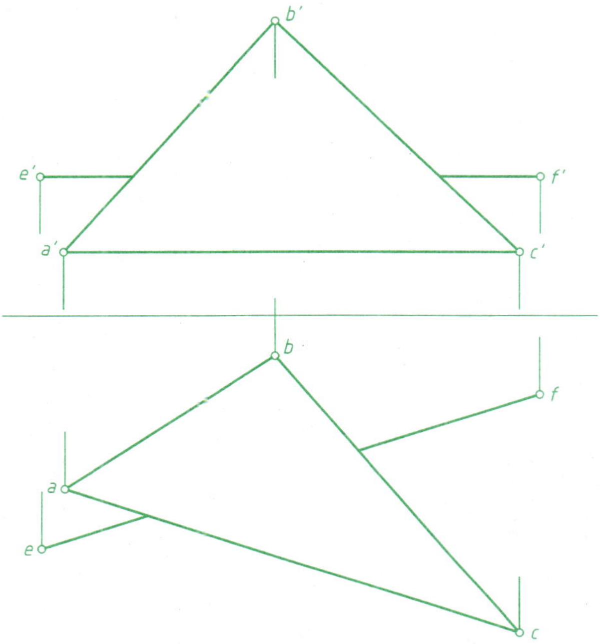

5. 求两一般位置平面的交线，并判别可见性。

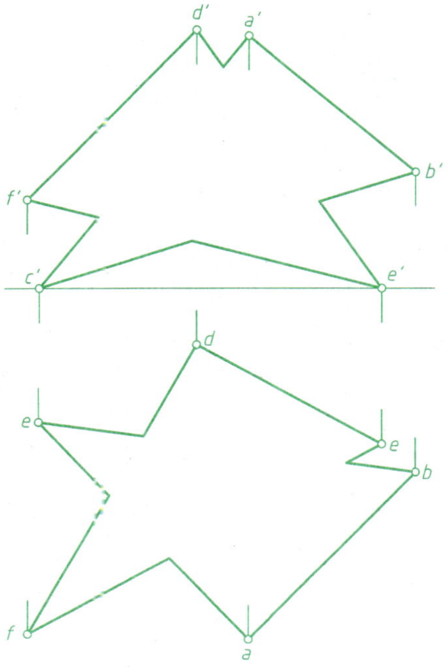

3.3 直线与平面、平面与平面的相交	班级		姓名		学号	

1. 求点A到平面$ABCD$的距离。

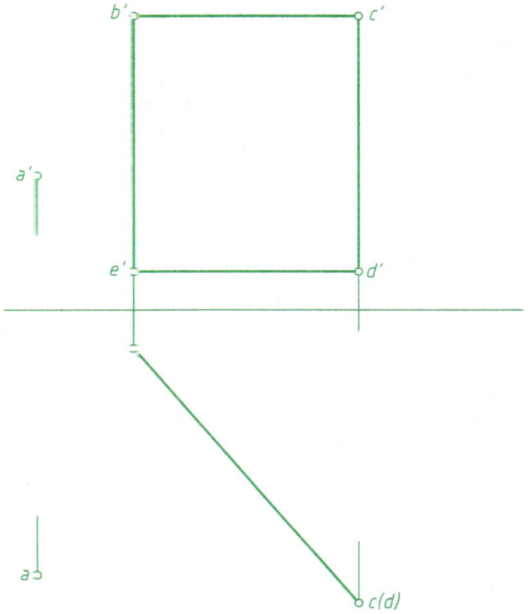

2. 点A到平面ABC的距离是25 mm，求a。

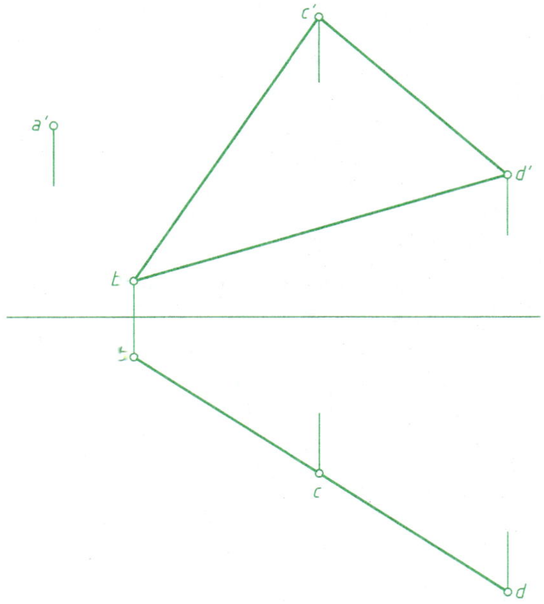

3.4 直线与平面、平面与平面的垂直	班级		姓名		学号	

3. 过点A作平面ABC与直线MN垂直。

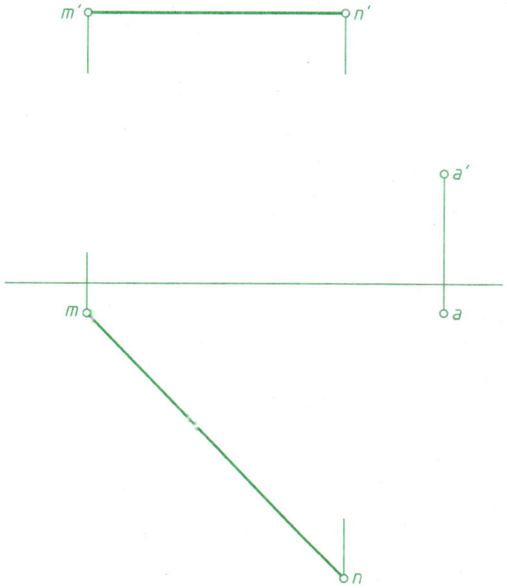

4. 过点A作平面ABC与平面P^H垂直，与直线DE平行。

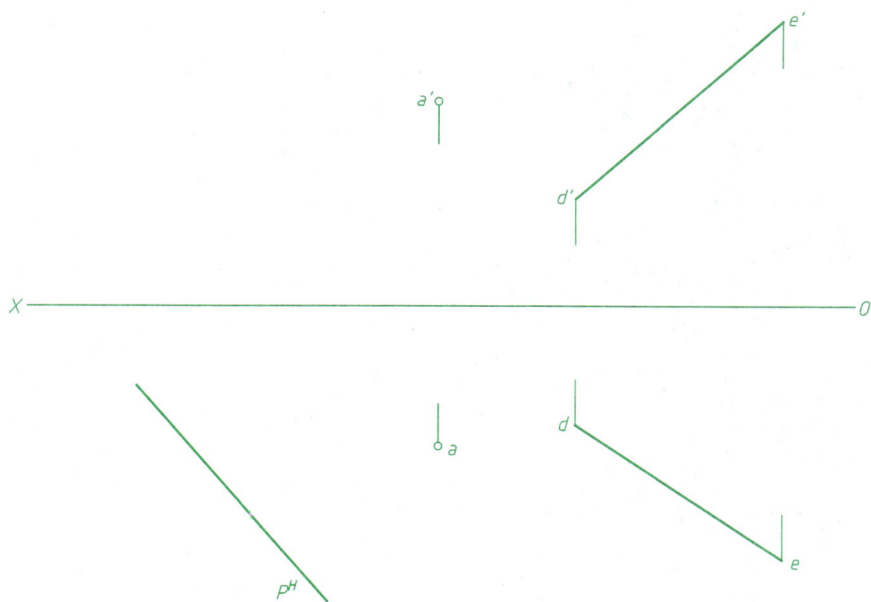

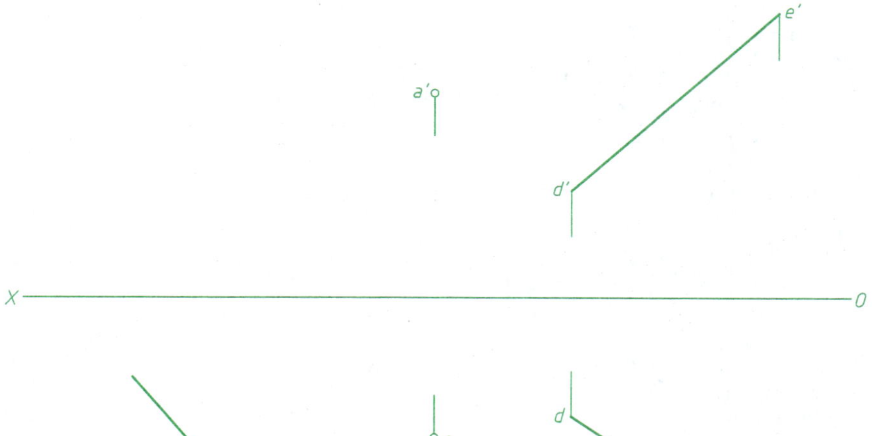

3.4 直线与平面、平面与平面的垂直	班级		姓名		学号	

5. 过点A作平面ABC与两已知平面垂直。

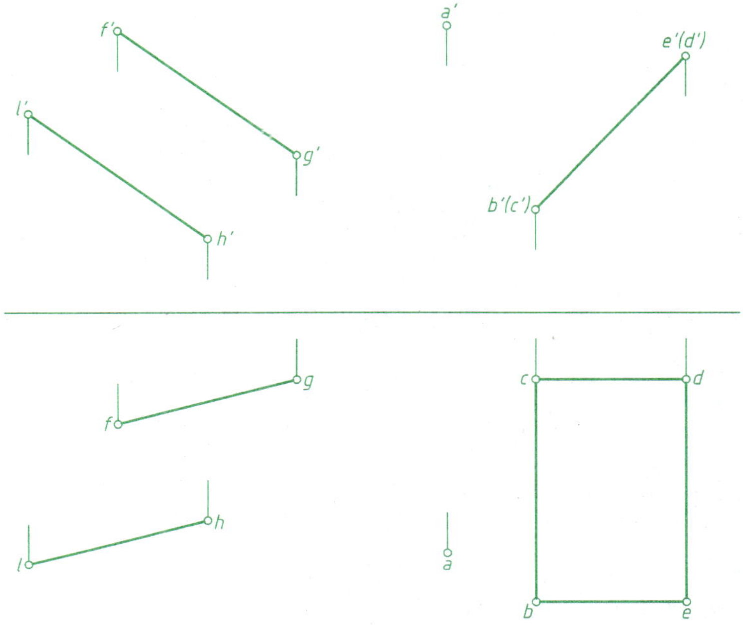

6. 求点K到平面的距离。

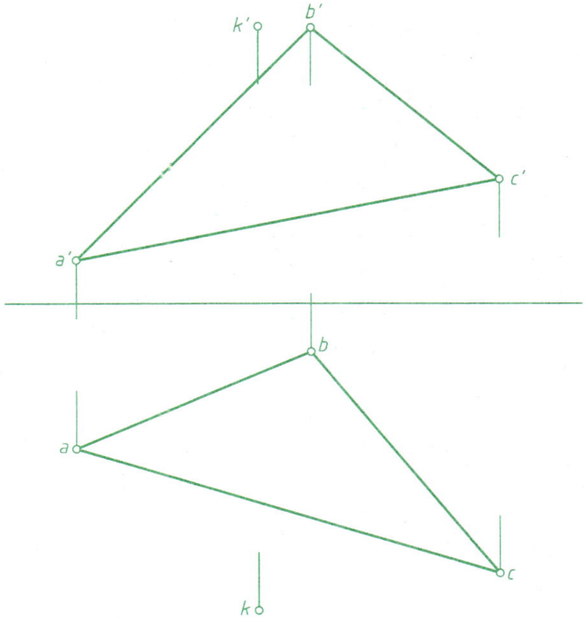

3.4 直线与平面、平面与平面的垂直	班级		姓名		学号	

1. 求直线AB的实长及对V面的倾角β。

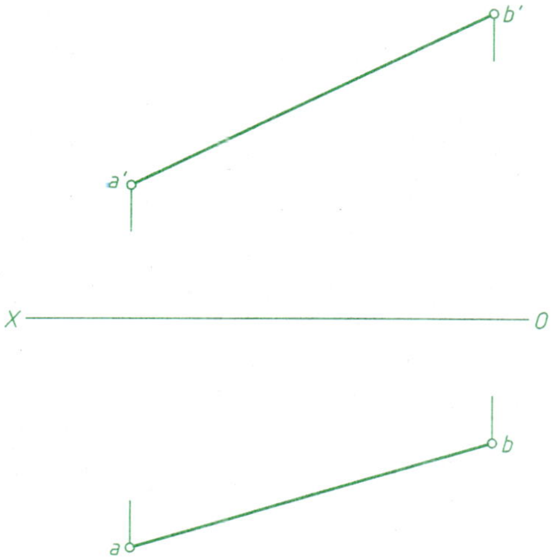

2. 求平面ABC的实形。

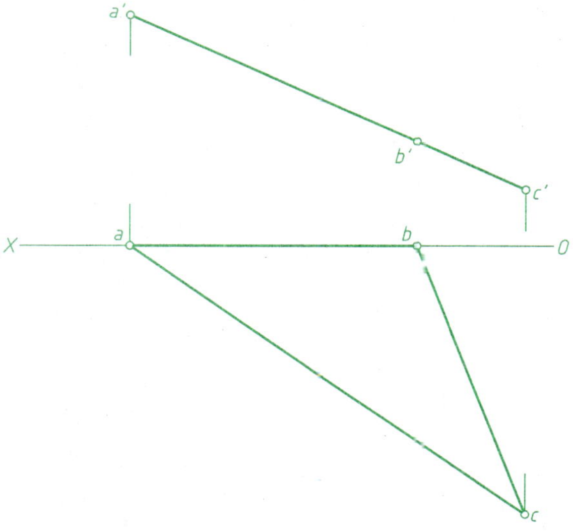

3.5 换面法	班级		姓名		学号	

3. 已知直线*AB*与直线*BC*垂直，求*AB*。

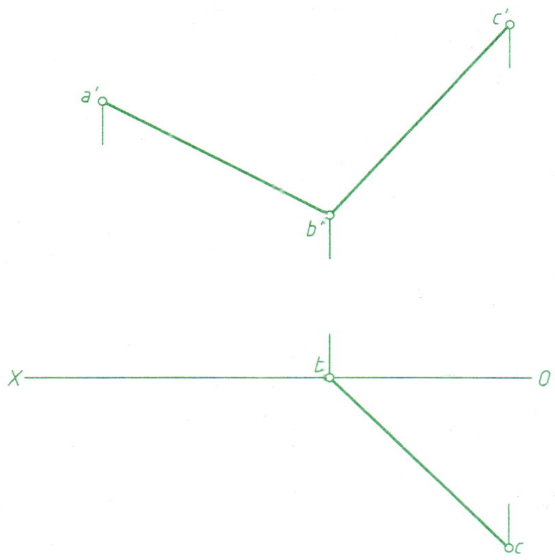

4. 求平面*ABC*对*H*面的倾角。

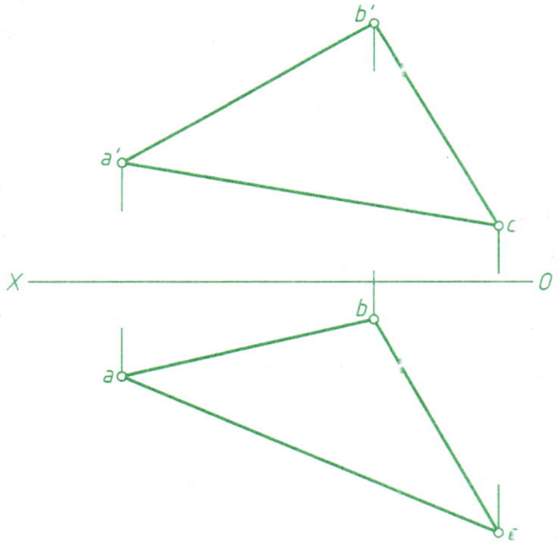

3.5 换面法	班级		姓名		学号	

5. 求点K到平面ABC的距离并求垂足。

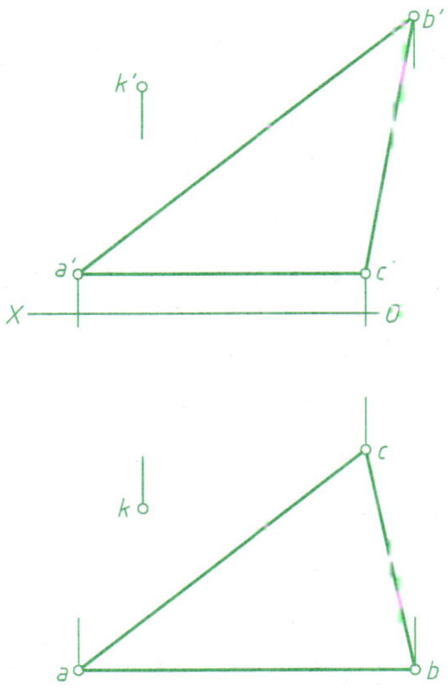

6. 求平面ABC与平面ACD的夹角。

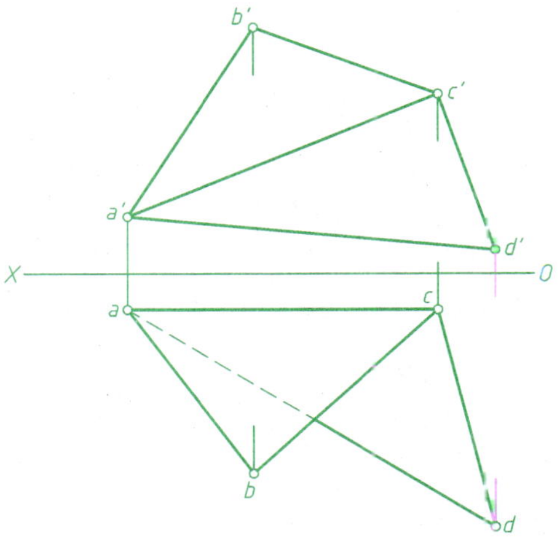

7. 求平面$ABCD$的实形。

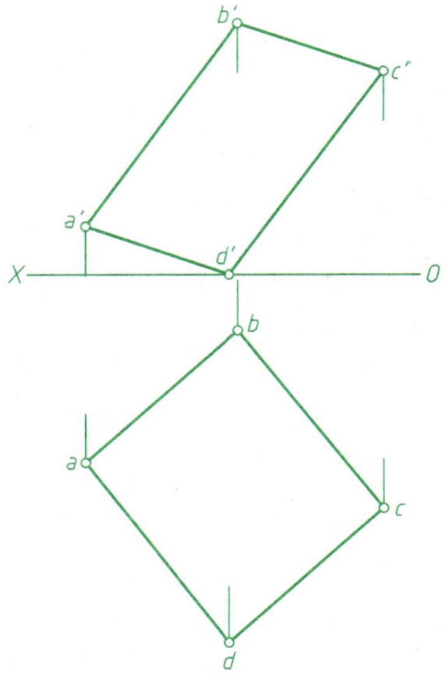

8. 求两交叉直线的公垂线。

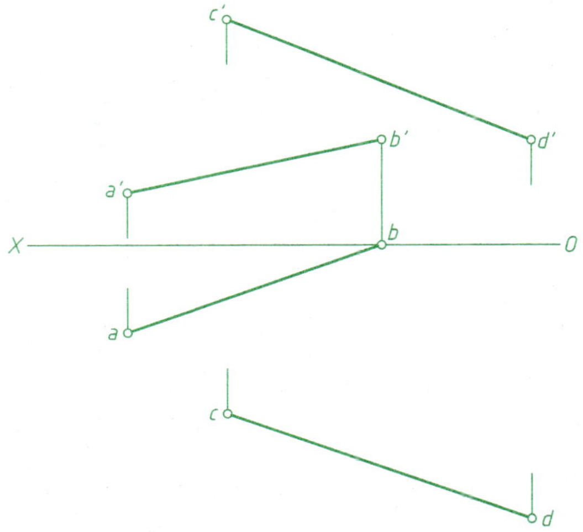

3.5 换面法	班级		姓名		学号	

第4章　曲线和曲面

思考题。

(1) 什么是曲线？它有哪些分类？

(2) 常见曲线--圆的投影有什么特点？

(3) 圆柱螺旋线是如何形成的？

(4) 曲面是如何形成的？它有哪些分类？

(5) 单叶双曲回转面是如何形成的？

(6) 双曲抛物面是如何形成的？

(7) 锥状面是如何形成的？

(8) 柱状面是如何形成的？

(9) 平螺旋面是如何形成的？如何绘制？

4.1 思考题	班级		姓名		学号	

1. 已知圆面的H面和V_1面投影，求其V面投影。

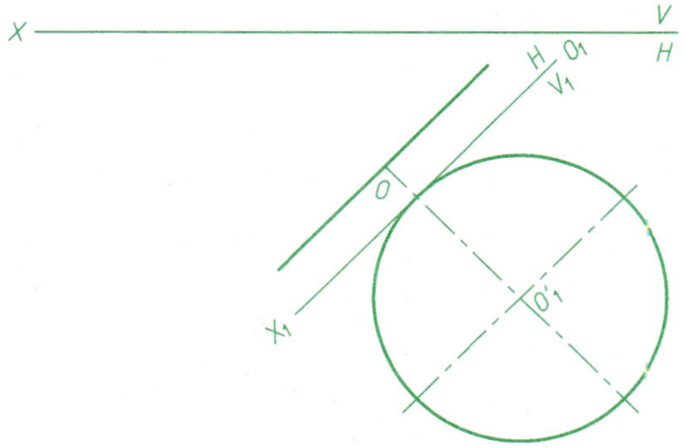

2. 已知导程为P的导圆柱，求作左旋螺旋线，并判别可见性。

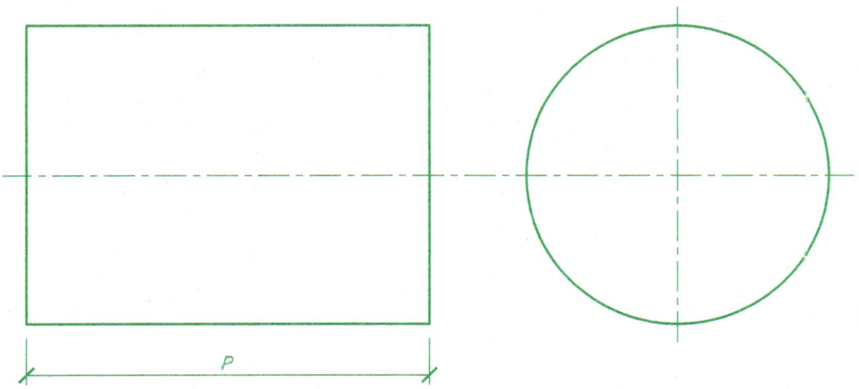

4.2 曲线	班级		姓名		学号	

1. 已知曲导线为右旋螺旋线，导程为P，求作大、小圆柱之间的平螺旋面的投影，并判别可见性。

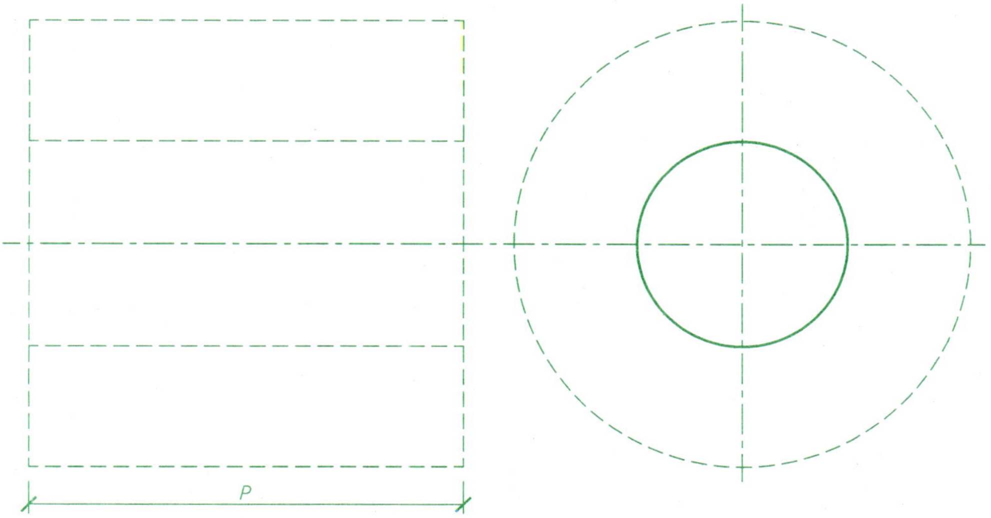

2. 已知扶手弯头断面的V面投影和弯头的W面投影，补绘出由平螺旋面组成的扶手弯头的V面投影。

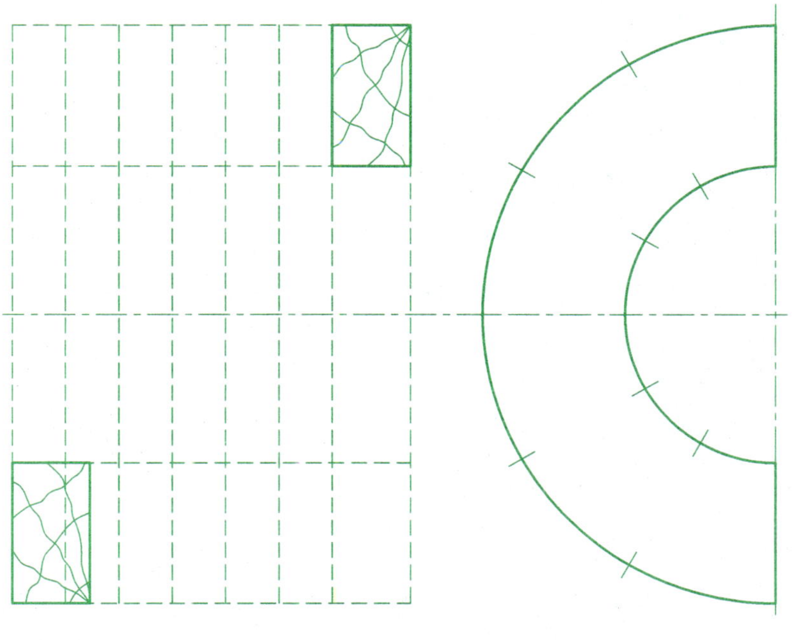

4.3 曲面	班级		姓名		学号	

3. 已知内、外圆柱直径为D、D_1，导程为P，踏步高为$P/12$，梯板厚为$P/12$，绘制右旋螺旋梯的投影。

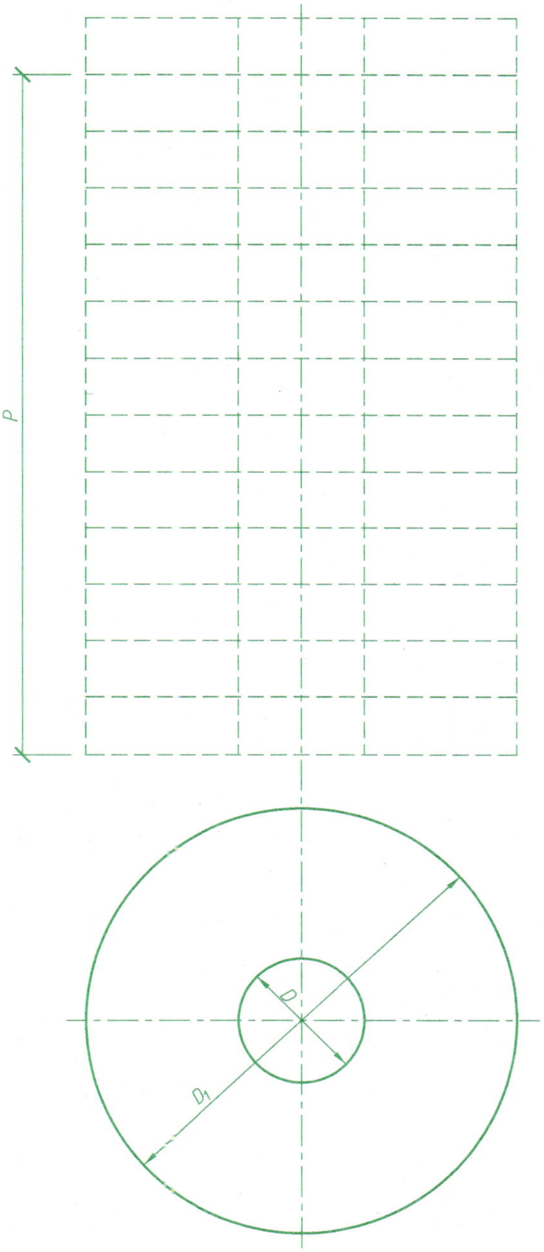

4.3 曲面	班级		姓名		学号	

思考题。

(1) 什么是平面立体？它有哪些类别？

(2) 什么是棱柱？举例说明其投影是如何绘制的？

(3) 什么是棱锥？举例说明其投影是如何绘制的？

(4) 了解平面立体表面取点的方法，知道如何判别可见性。

(5) 什么是曲面立体？常见的回转体有哪些？

(6) 圆柱是由几个面围成的？试说明当轴线垂直于某投影面时，其投影的特点。

(7) 圆锥是由几个面围成的？试说明当轴线垂直于某投影面时，其投影的特点。

(8) 球体是由几个面围成的？试说明其投影的特点。

(9) 了解圆柱、圆锥、球体表面取点的方法，知道如何判别可见性。

5.1 思考题	班级		姓名		学号	

1. 绘制四棱柱的投影图。(比例3∶1)

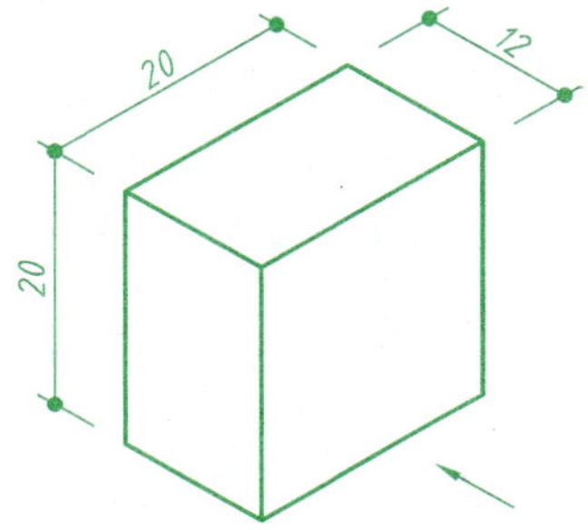

2. 绘制正四棱锥的投影图。(比例3∶1)

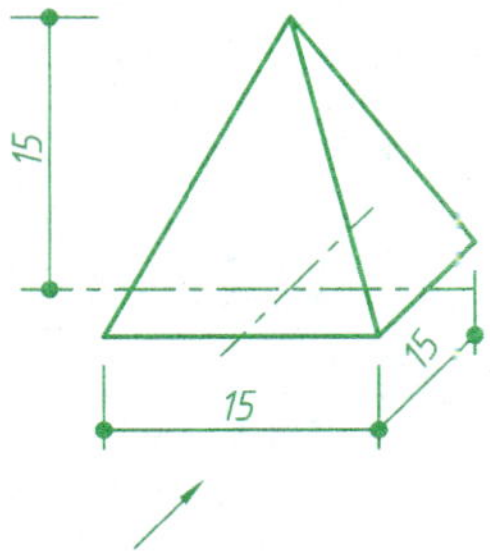

5.2 平面立体的投影	班级		姓名		学号	

3. 补绘第三投影。

(1)

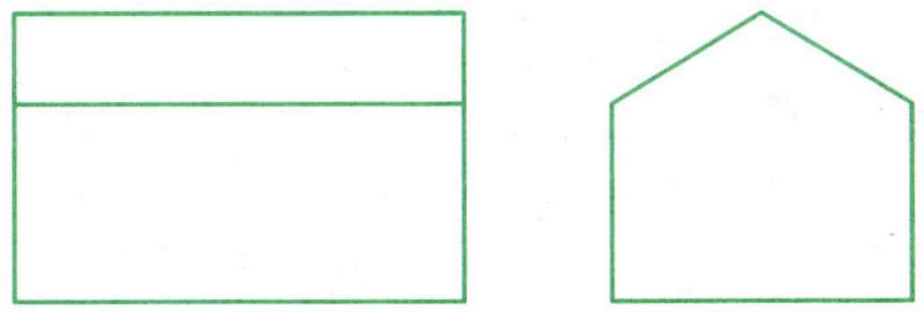

(2)

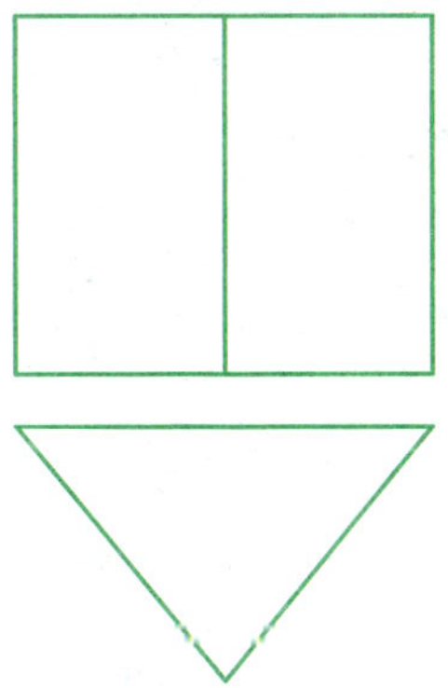

(3)

(4)

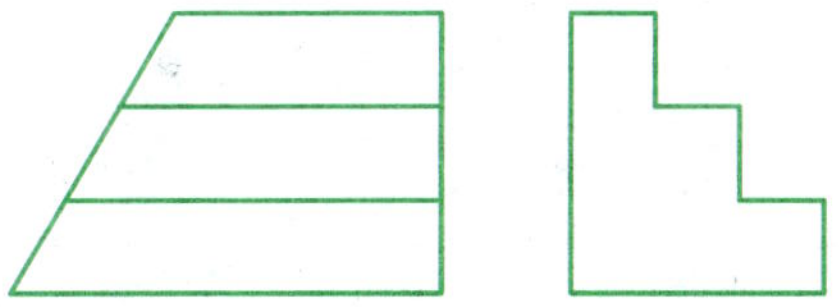

班级		姓名		学号	

4. 补绘三棱柱的W投影，并求其表面上的点。

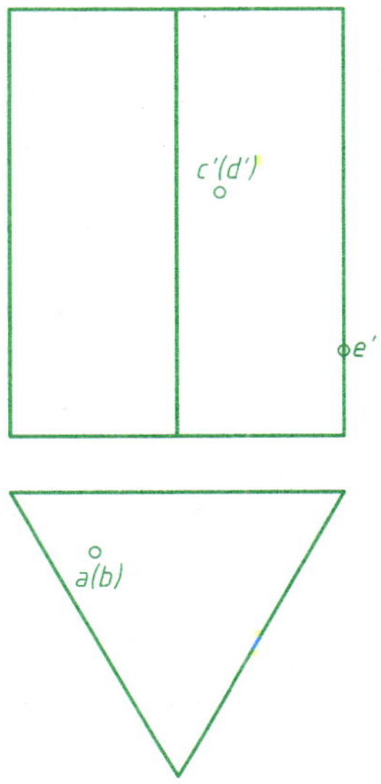

5. 补绘三棱锥的W投影，并求其表面上的点。

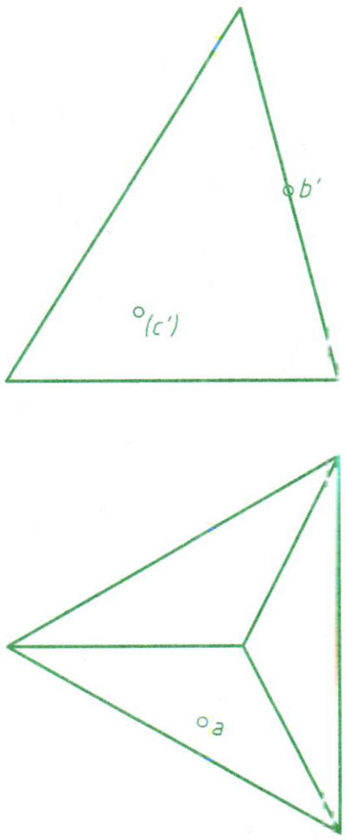

1. 补绘圆柱的W面投影，并求其表面上的点。

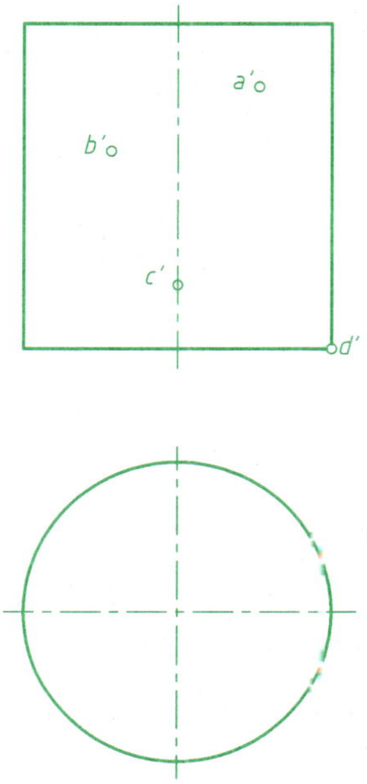

2. 补绘圆锥的W面投影，并求其表面上的点。

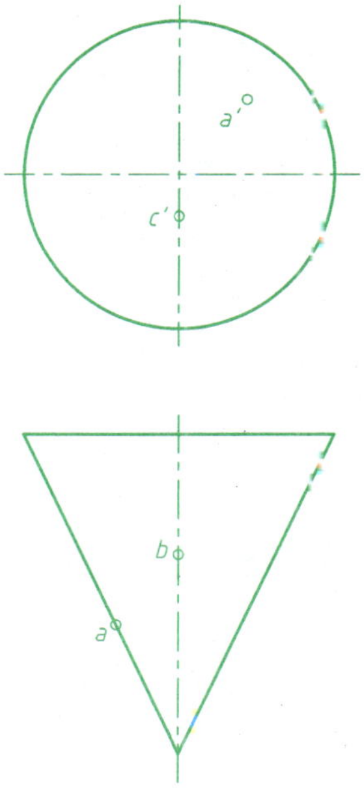

5.3 曲面立体的投影	班级		姓名		学号	

3. 补绘圆台的*W*面投影，并求其表面上的点。

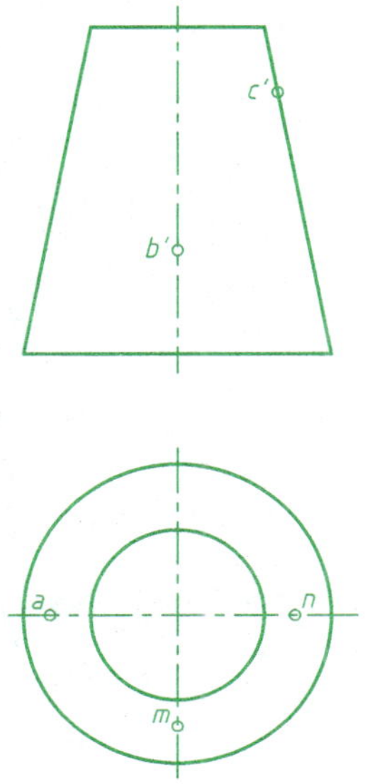

4. 补绘球体的*V*面投影，并求其表面上的点。

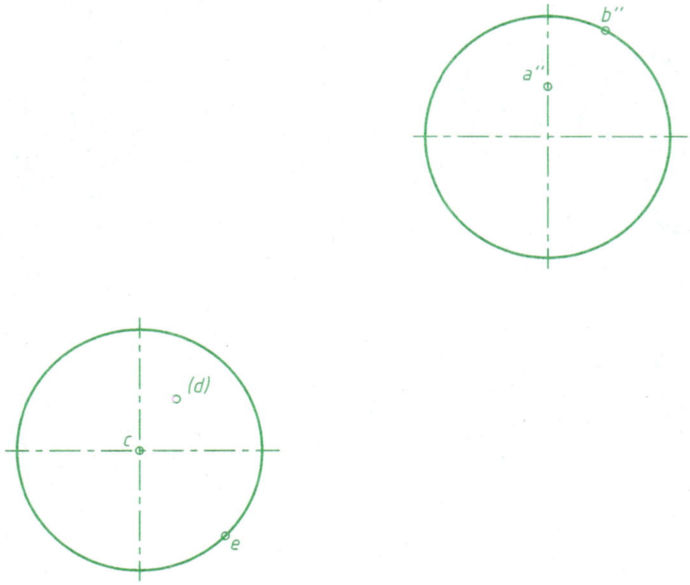

5.3 曲面立体的投影	班级		姓名		学号	

第6章　截交线和相贯线

思考题。

(1) 什么是截交线？它有什么特点？

(2) 求作平面立体截交线的基本方法是什么？如何判别可见性？

(3) 求作曲面立体截交线的基本方法是什么？如何判别可见性？

(4) 什么是相贯线？它有什么特点？

(5) 如何求作平面立体与平面立体的相贯线？

(6) 如何求作平面立体与曲面立体的相贯线？

(7) 如何求作曲面立体与曲面立体的相贯线？

6.1 思考题	班级		姓名		学号	

1. 补绘三棱柱被截切后的W面投影，并补全其H面投影。

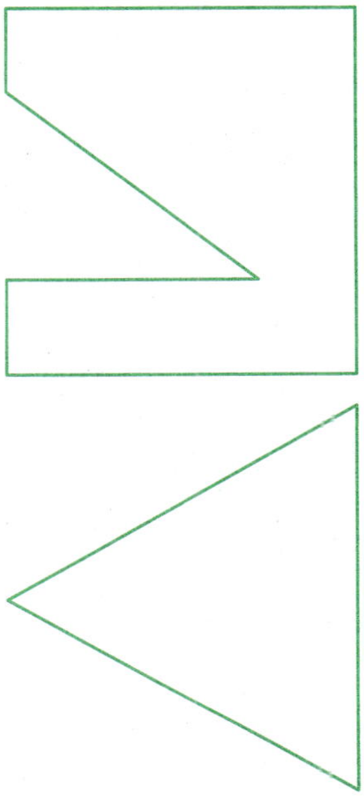

2. 补绘五棱柱被截切后的W面投影，并补全其H面投影。

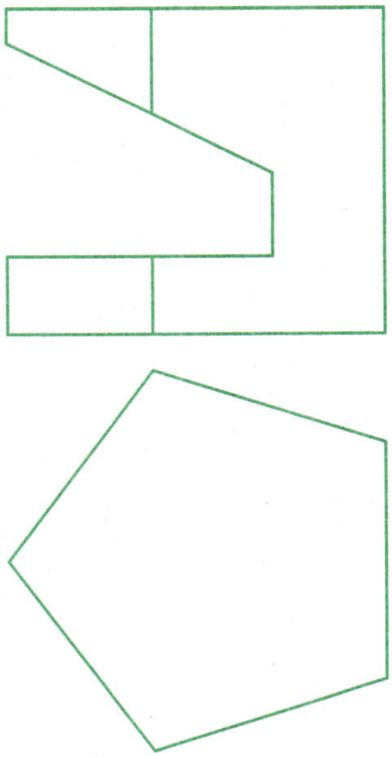

6.2 截交线	班级		姓名		学号	

3. 补绘六棱柱被截切后的W面投影，并补全其H面投影。

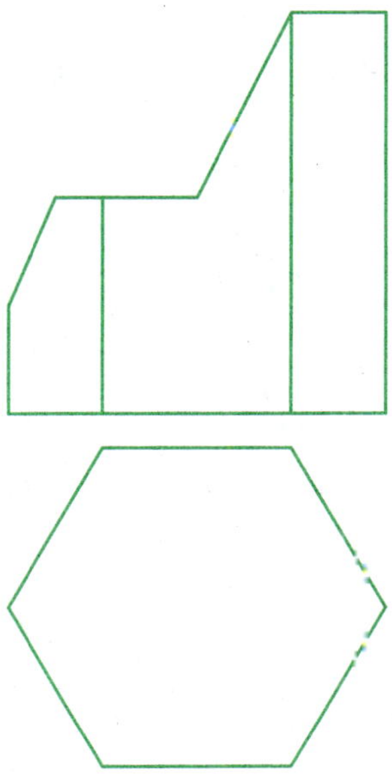

4. 补绘三棱柱被截切后的W面投影，并补全其H面投影。

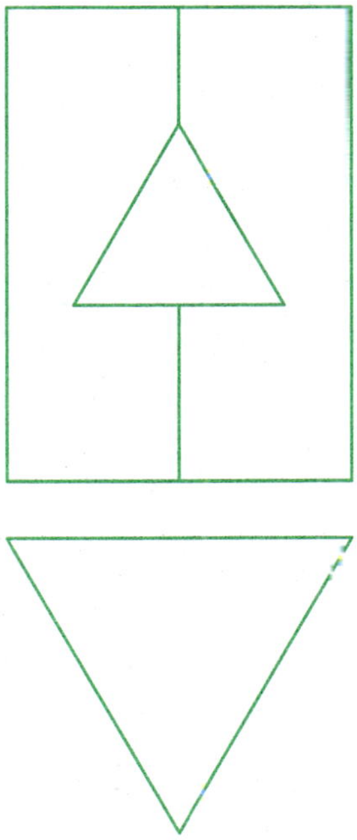

6.2 截交线	班级		姓名		学号	

5. 补绘四棱柱被截切后的W面投影，并补全其H面投影。

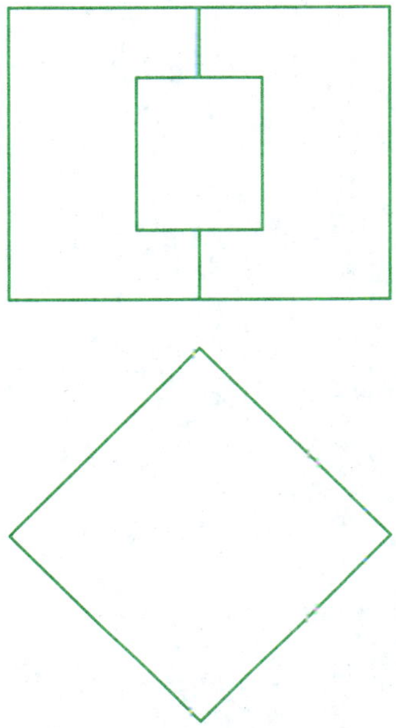

6. 补绘五棱锥被截切后的W面投影，并补全其H面投影。

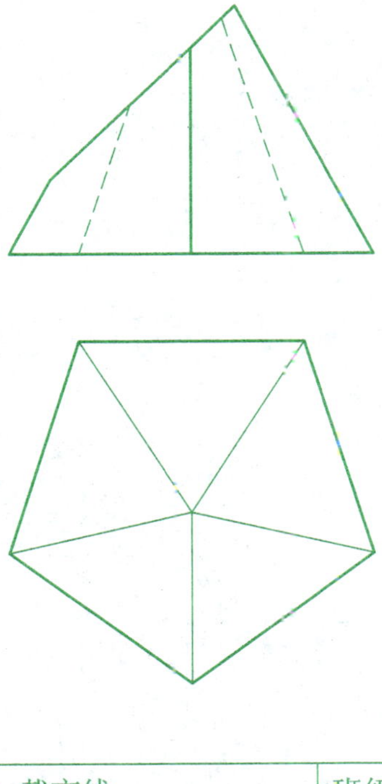

7. 补绘四棱锥被截切后的W面投影，并补全其H面投影。

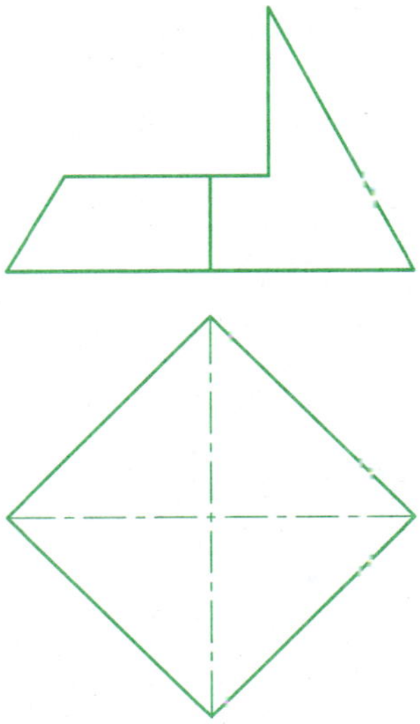

8. 补全棱台H面投影和W面投影。

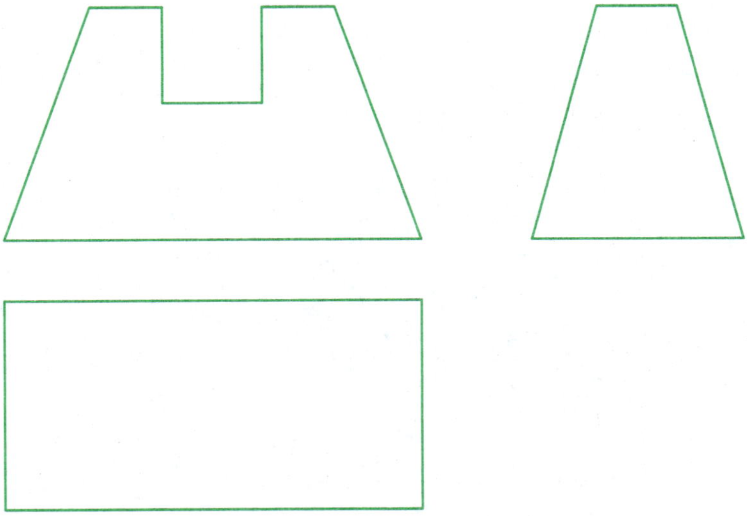

6.2 截交线	班级		姓名		学号	

9. 补绘圆柱被截切后的W面投影，并补全其H面投影。

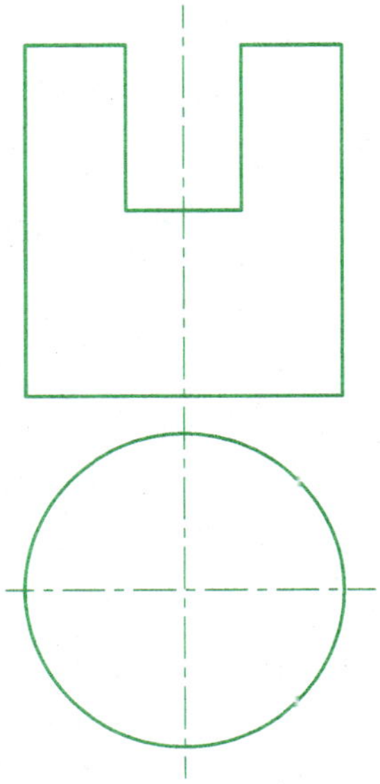

10. 补绘圆柱被截切后的W面投影。

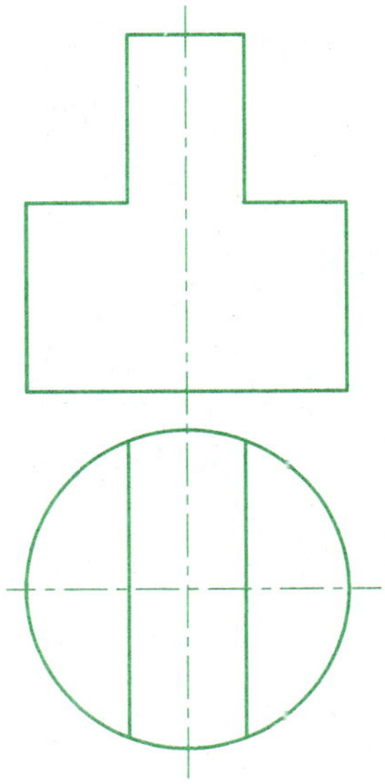

6.2 截交线	班级		姓名		学号	

11. 补绘圆柱被截切后的*W*面投影，并补全其*H*面投影。

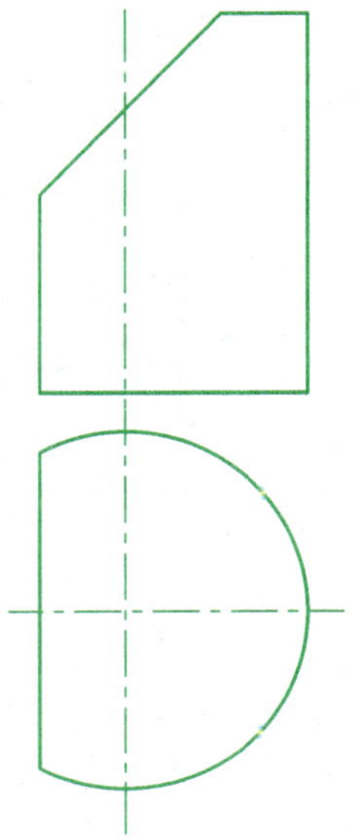

12. 补绘圆锥被截切后的*W*面投影，并补全其*H*面投影。

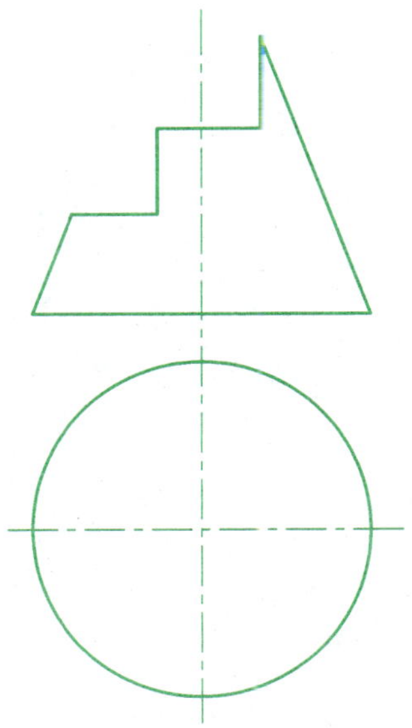

6.2 截交线	班级		姓名		学号	

13. 补绘圆锥被截切后的W面投影，并补全其H面投影。

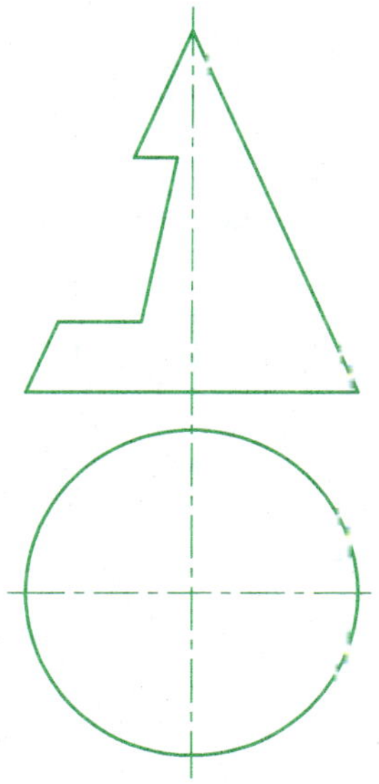

14. 补绘圆锥被截切后的W面投影，并补全其H面投影。

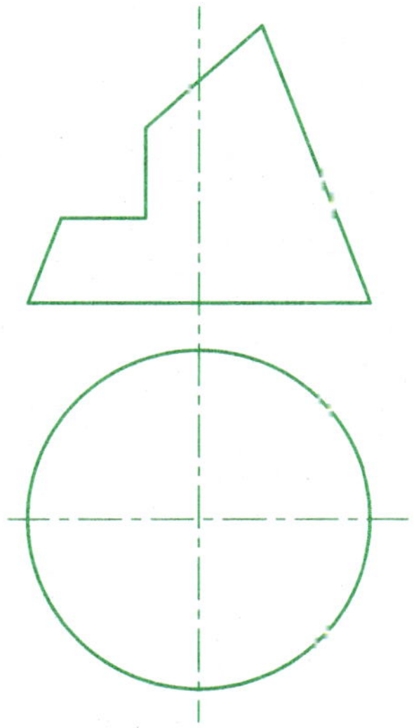

6.2 截交线	班级		姓名		学号	

15. 补绘圆锥被截切后的*W*面投影，并补全其*H*面投影。

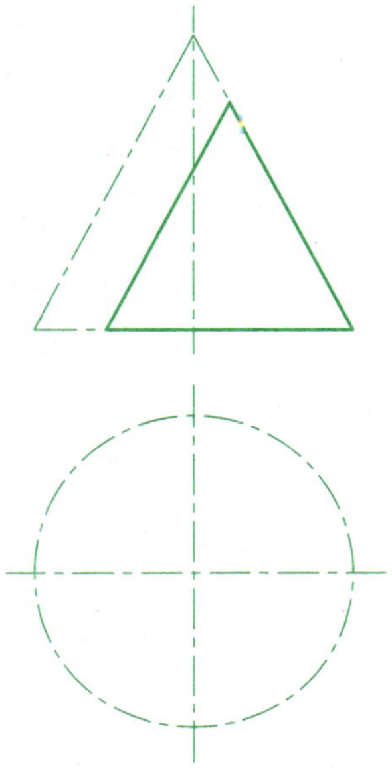

16. 补绘半球体的*W*面投影，并补全其*H*面投影。

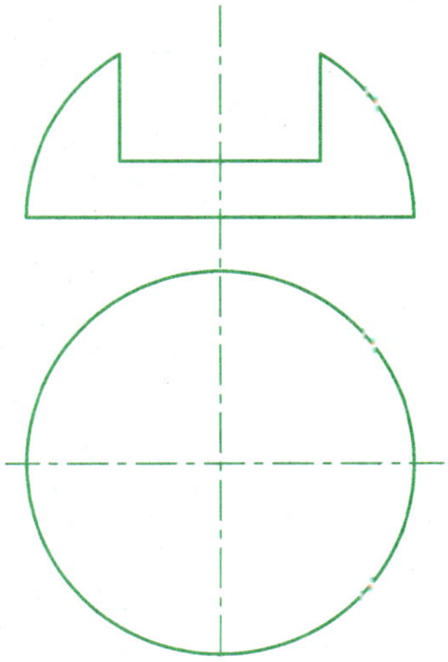

6.2 截交线	班级		姓名		学号	

17. 补绘半球体的V面投影，并补画H面投影。

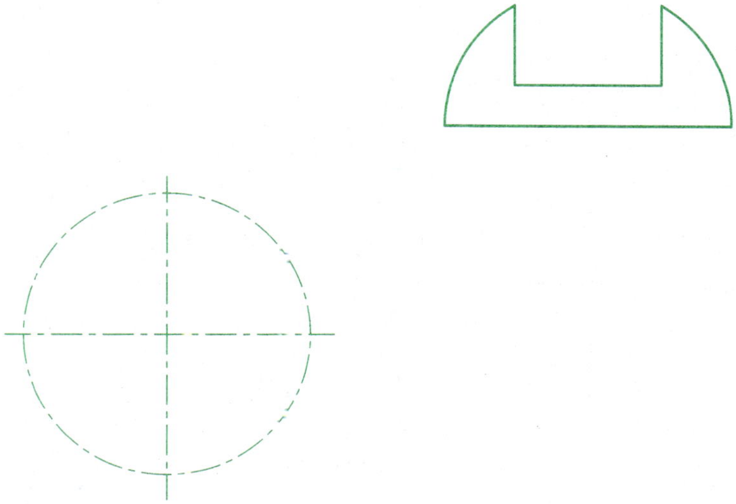

18. 补绘半球体的W面投影，并补全其H面投影。

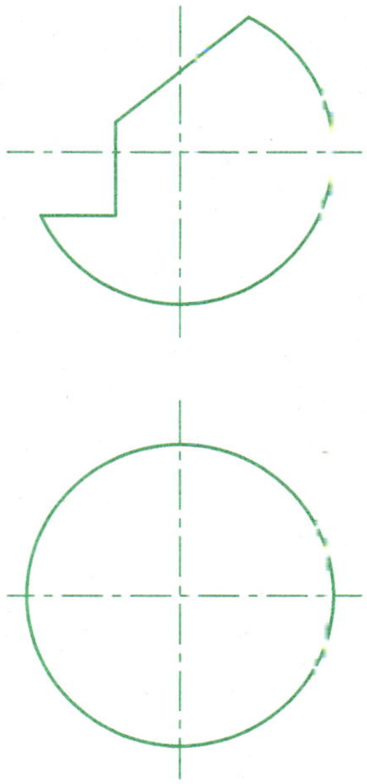

6.2 截交线	班级		姓名		学号	

1. 求三棱柱与四棱柱的相贯线。

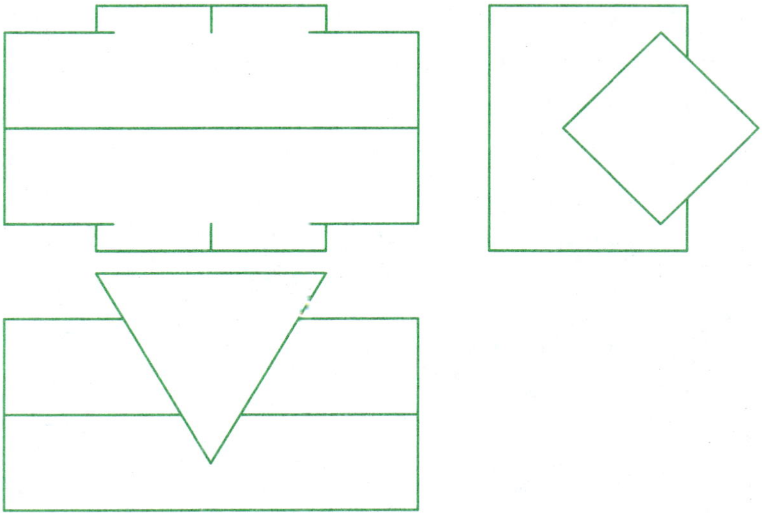

2. 求两三棱柱的相贯线。

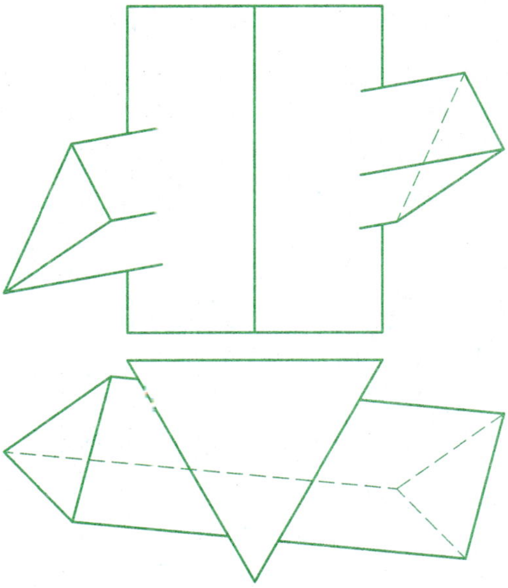

6.3 相贯线	班级		姓名		学号	

3. 求三棱柱与四棱锥的相贯线。

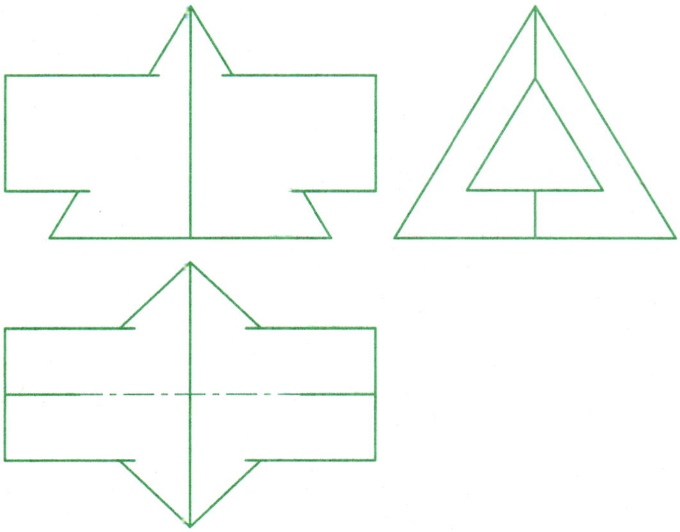

4. 求四棱柱与圆锥体的相贯线，并补绘W面投影。

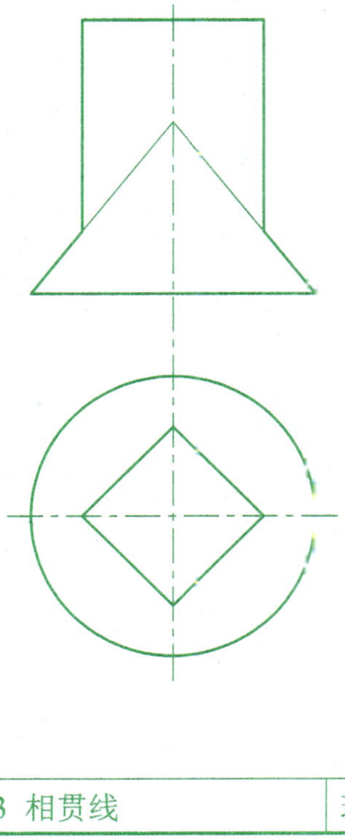

6.3 相贯线	班级		姓名		学号	

5. 求三棱柱与圆锥体的相贯线，并补绘W面投影。

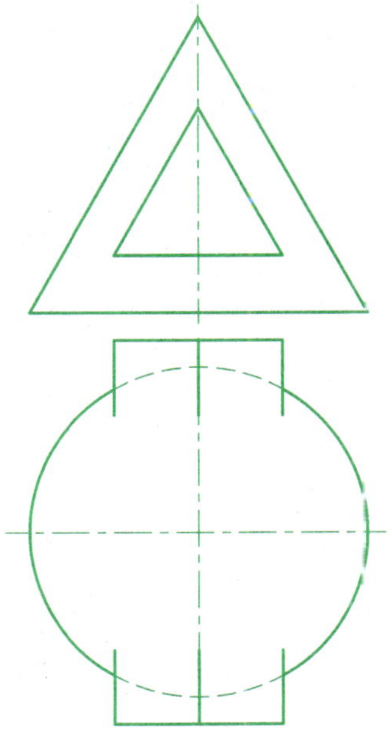

6. 求四棱锥与圆柱体的相贯线，并补绘W面投影。

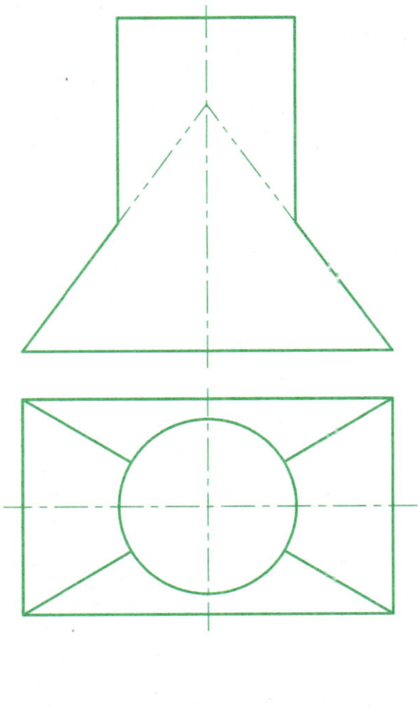

6.3 相贯线	班级		姓名		学号	

7. 求四棱柱与半球体的相贯线，并补绘W面投影。

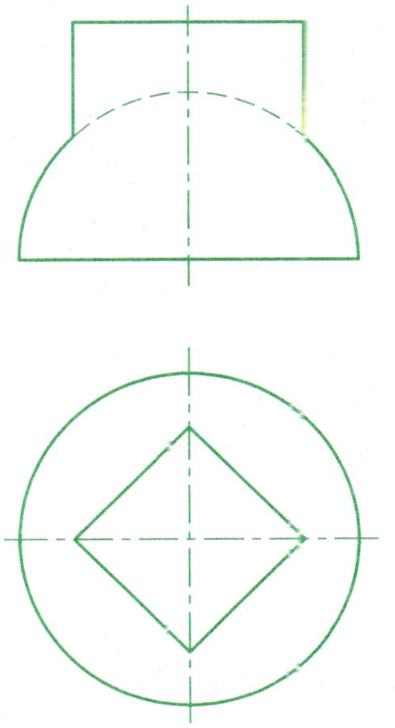

8. 求两圆柱体的相贯线。

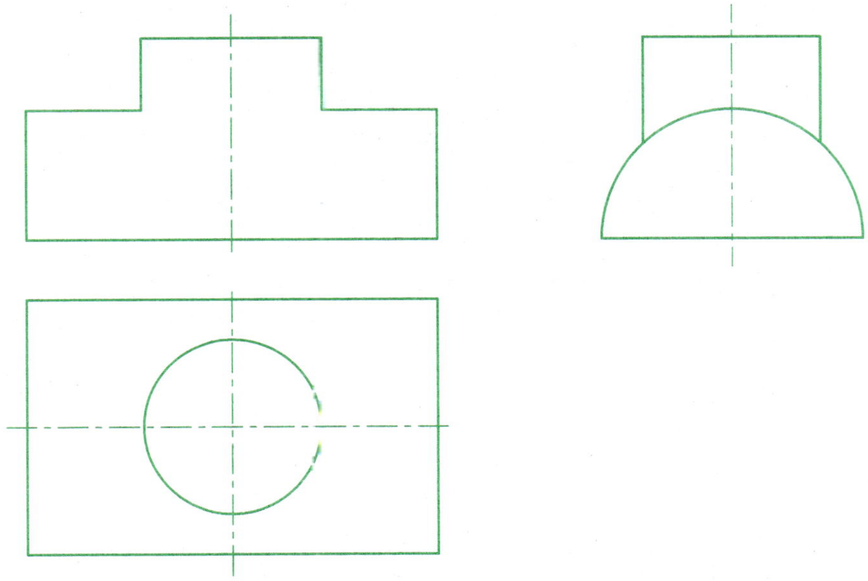

6.3 相贯线	班级		姓名		学号	

9. 求圆柱体与圆锥体的相贯线，并补绘*W*面投影。

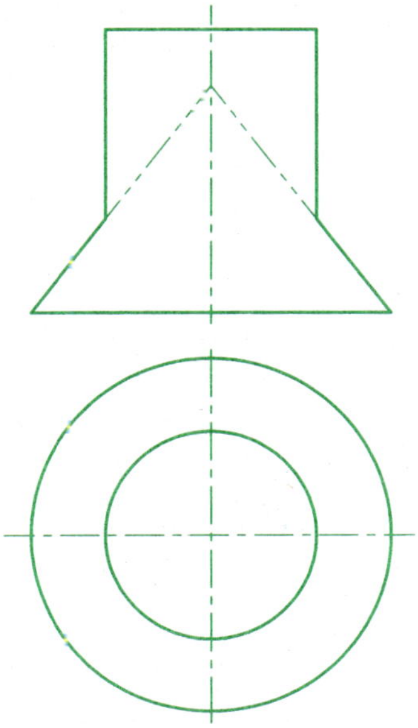

10. 求圆柱体与圆台的相贯线。

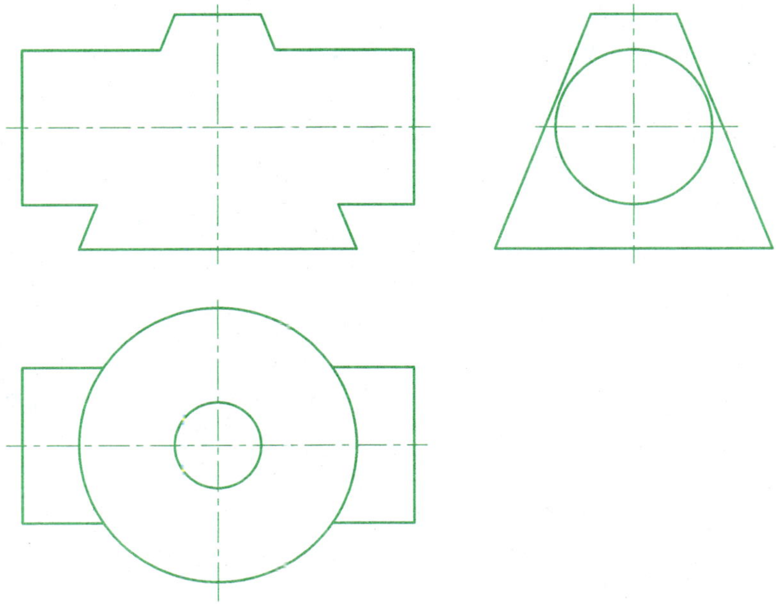

6.3 相贯线	班级		姓名		学号	

11. 求圆柱体与圆锥体的相贯线，并补绘H面投影。

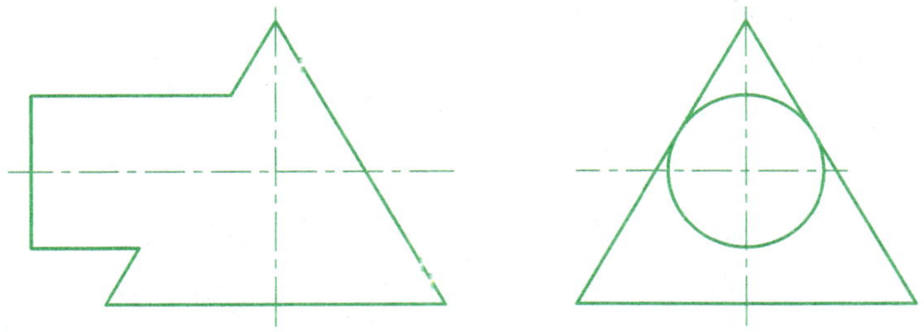

12. 求两个立体的相贯线。

(1) 两个半圆柱体。

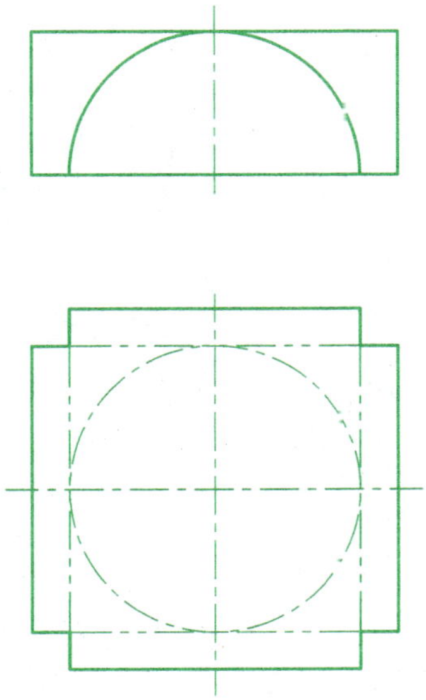

(2) 圆柱体与圆锥体。

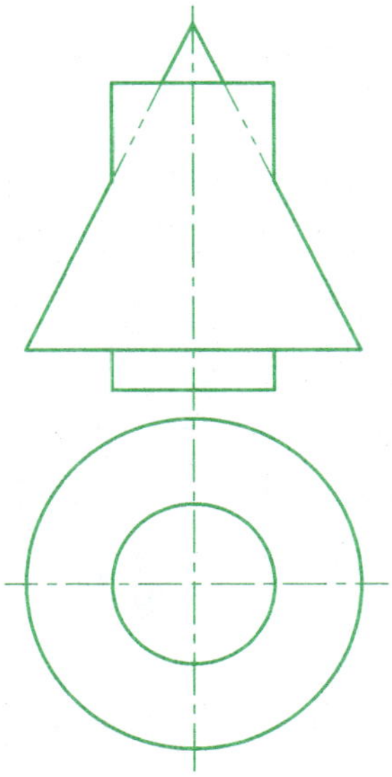

6.3 相贯线	班级		姓名		学号	

第7章　组合体的投影

思考题。

(1) 组合体的形成方式有哪几种？

(2) 组合体表面连接形式有哪些？

(3) 组合体投影的绘制基本步骤是什么？

(4) 什么是形体分析？

(5) 选择投影要考虑哪些方面？

(6) 如何标注组合体的尺寸？

(7) 熟悉基本形体的尺寸标注方法。

(8) 组合体读图的方法有哪些？

7.1 思考题	班级		姓名		学号	

1. 按2∶1绘制形体的三面投影。(箭头指向为正面投影方向，尺寸直接量取并取整。)

(1)

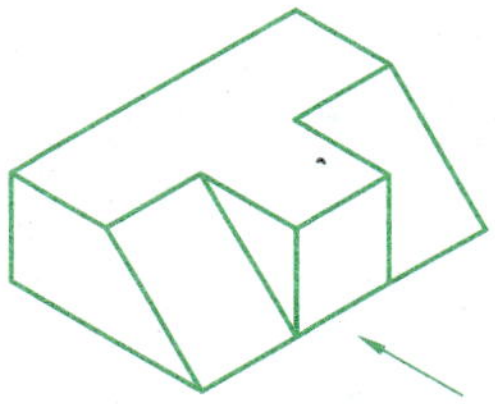

(2)

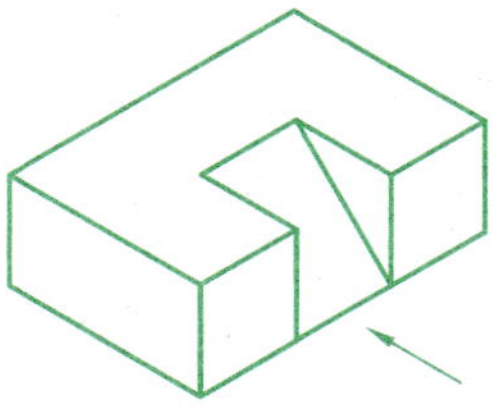

7.2 组合体投影的绘制	班级		姓名		学号	

(3)

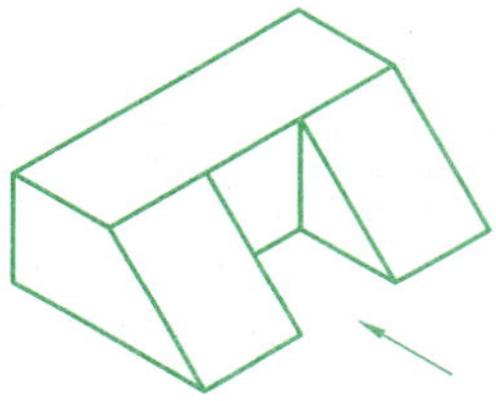

(4)

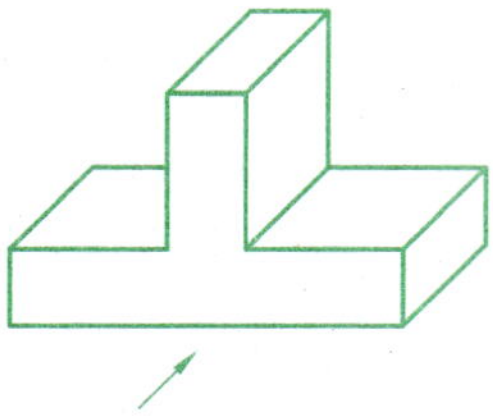

7.2 组合体投影的绘制	班级		姓名		学号	

(5)

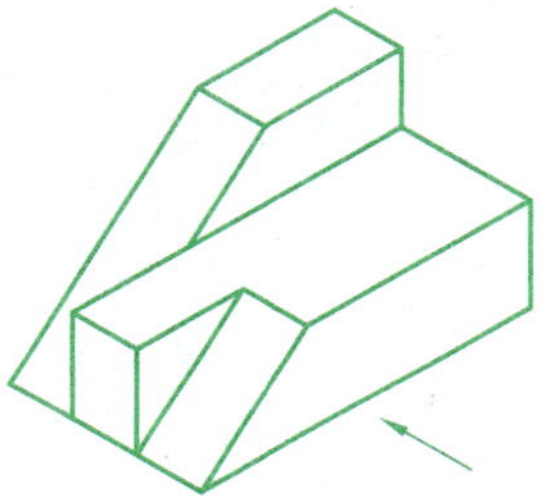

(6)

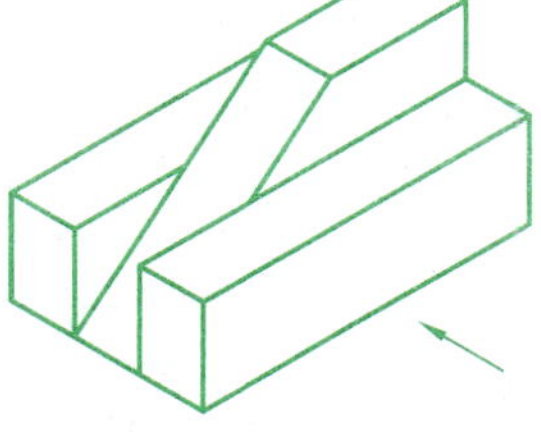

7.2 组合体投影的绘制	班级		姓名		学号	

(7)

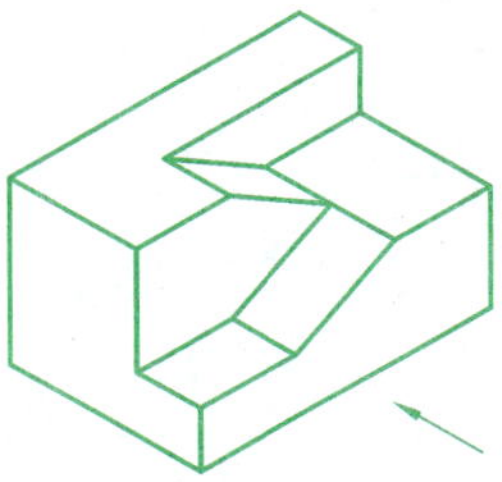

(8)

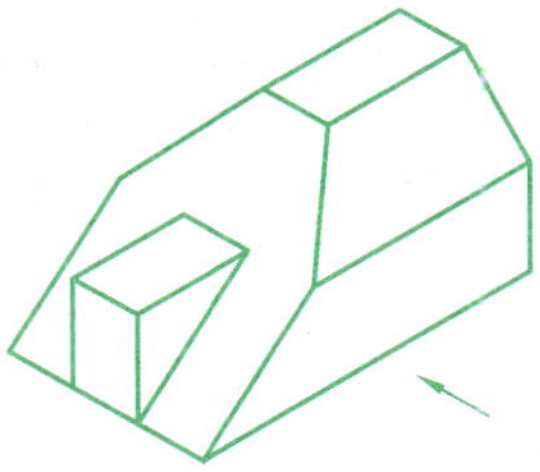

7.2 组合体投影的绘制	班级		姓名		学号	

2. 补全视图中所缺线条。

(1)

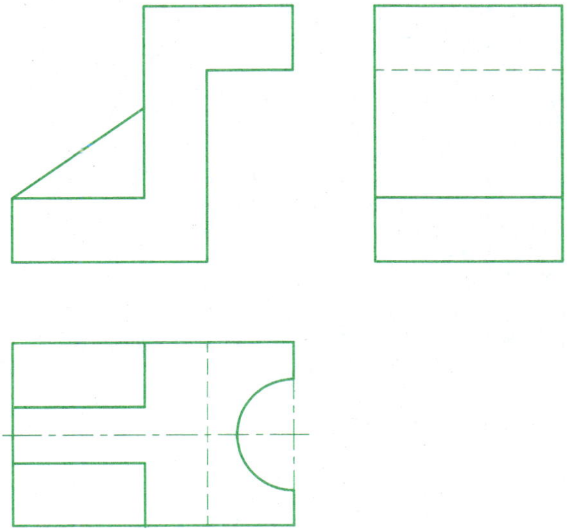

(2)

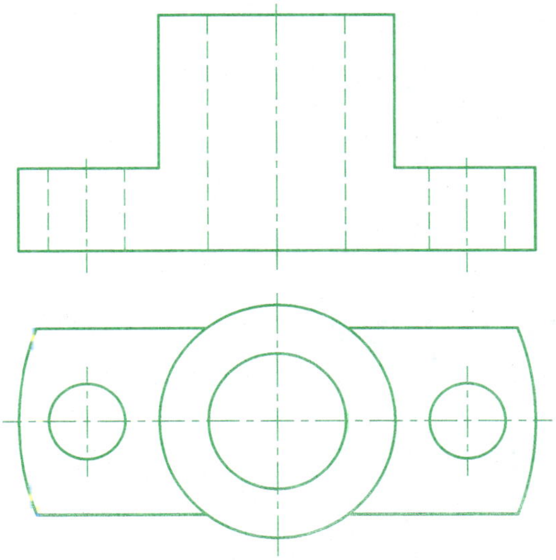

7.2 组合体投影的绘制	班级		姓名		学号	

(3)

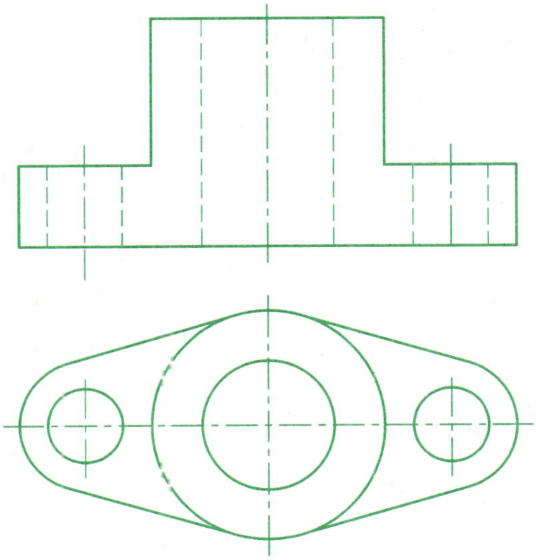

(4)

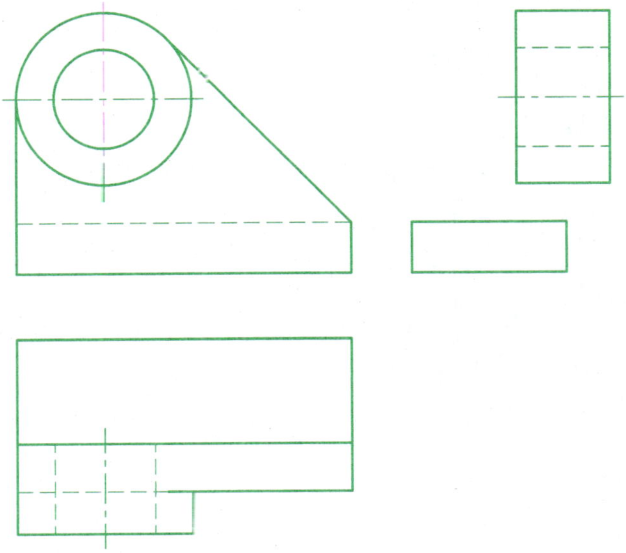

7.2 组合体投影的绘制	班级		姓名		学号	

绘制形体的三面投影，并标注尺寸。(箭头指向为正面投影方向)

(1)

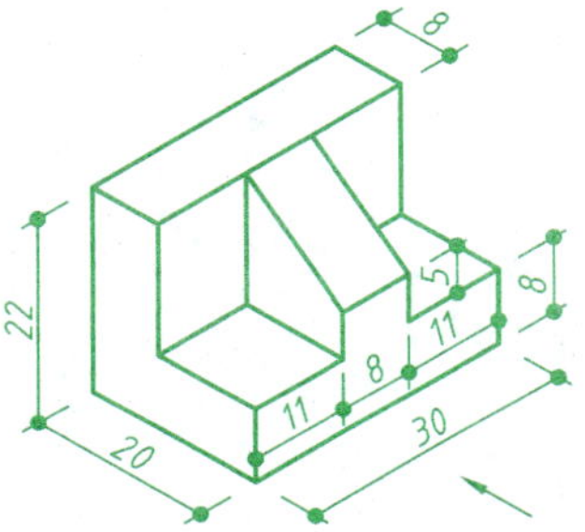

(2)

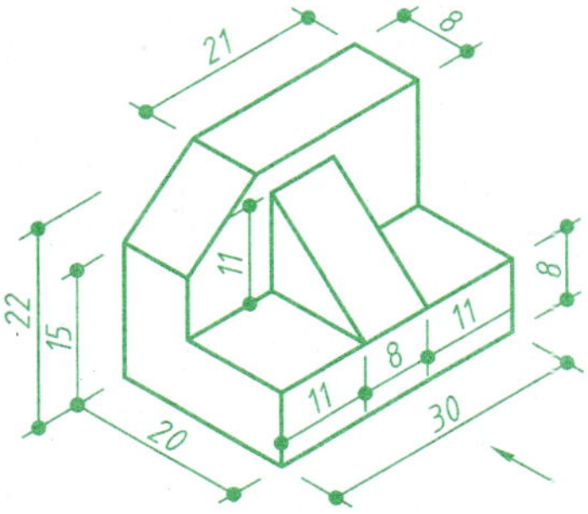

7.3 组合体的尺寸标注	班级		姓名		学号	

补绘第三投影。

(1)

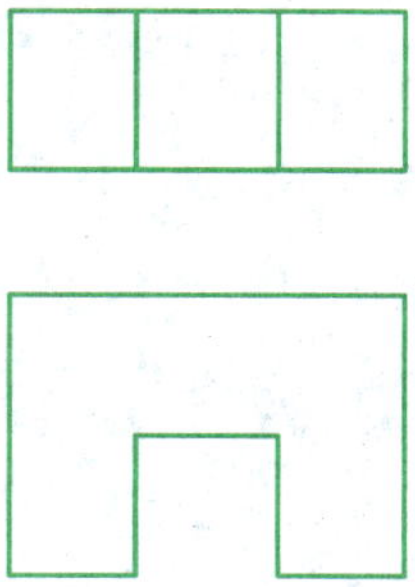

(2)

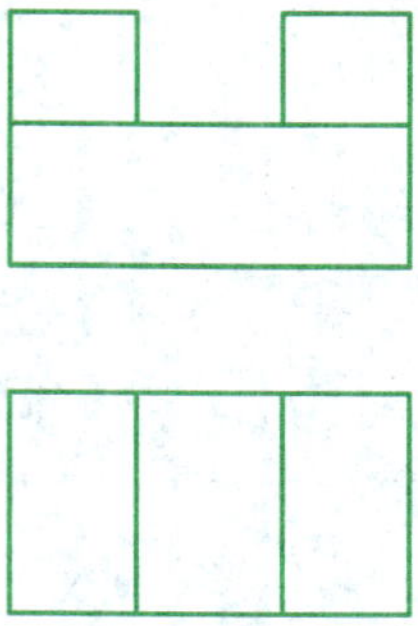

(3)

(4)

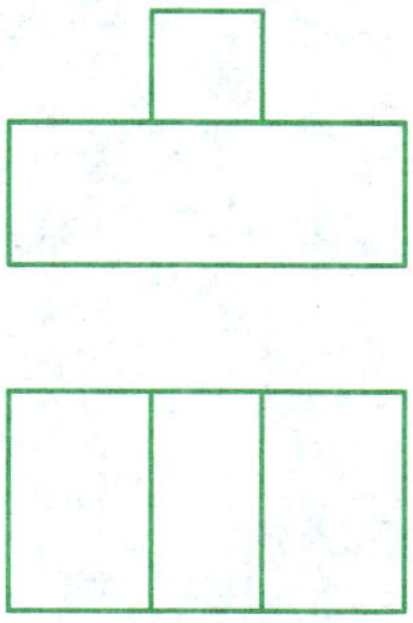

7.4 组合体的读图	班级		姓名		学号	

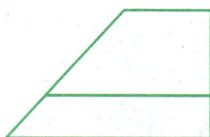

(5)

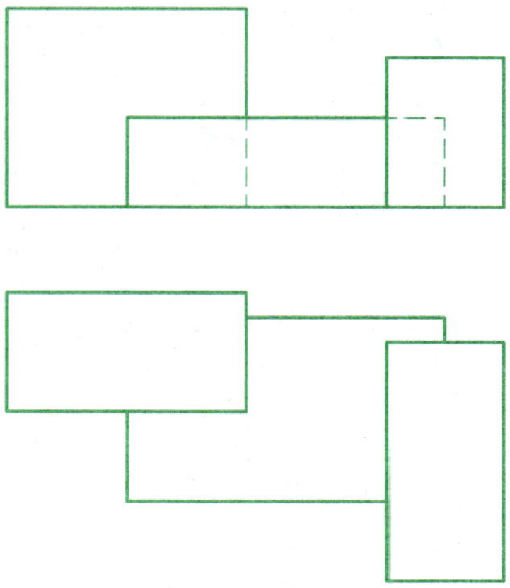

(6)

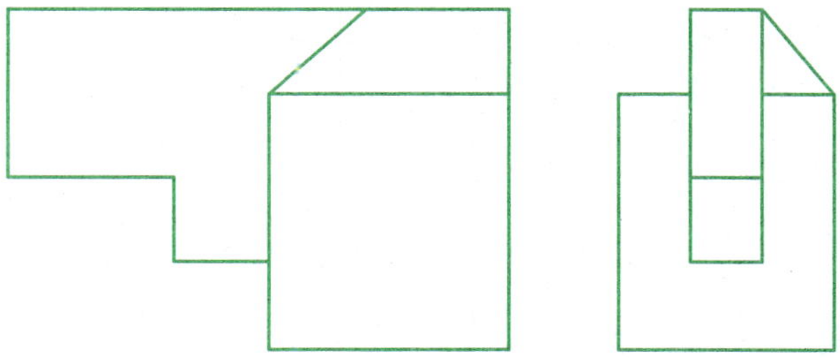

7.4 组合体的读图	班级		姓名		学号	

(7)

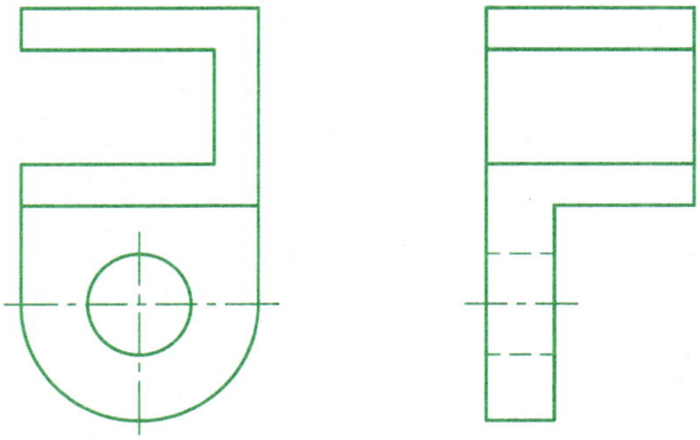

(8)

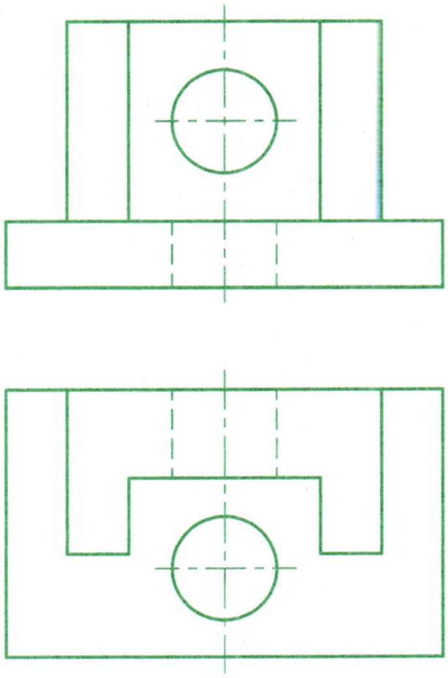

7.4 组合体的读图	班级		姓名		学号	

(9)

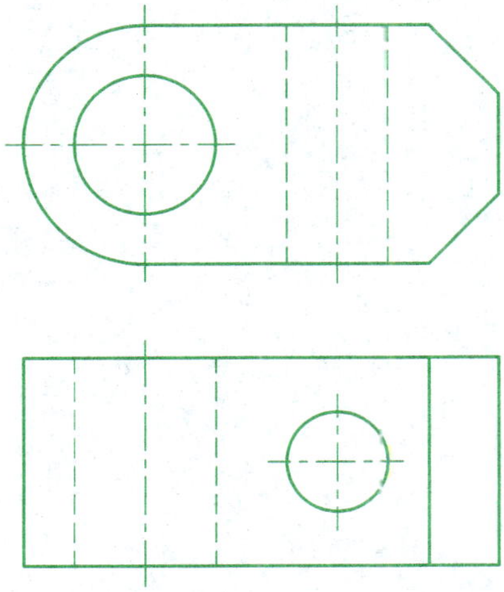

(10)

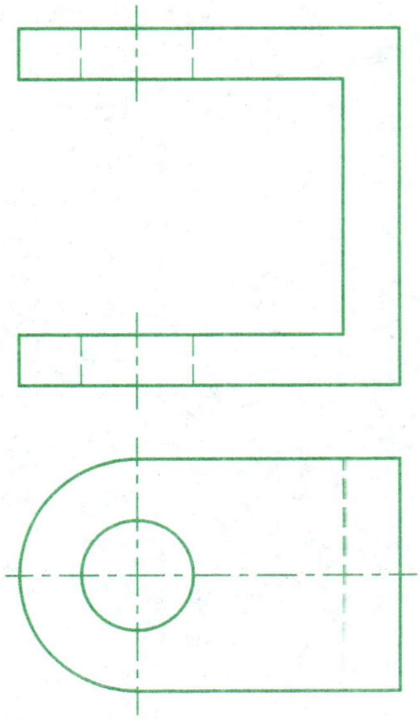

7.4 组合体的读图	班级		姓名		学号	

(11)

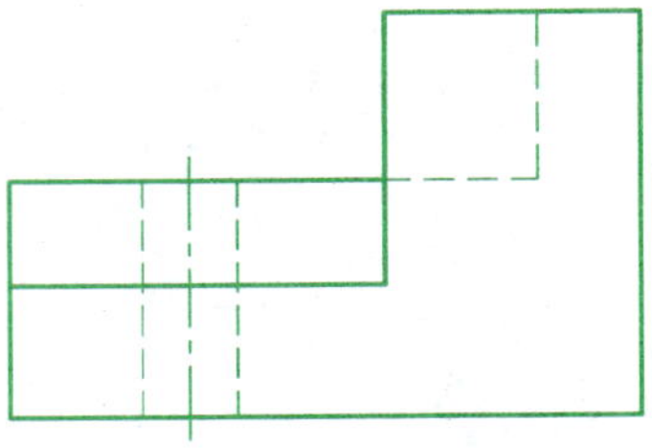

(12)

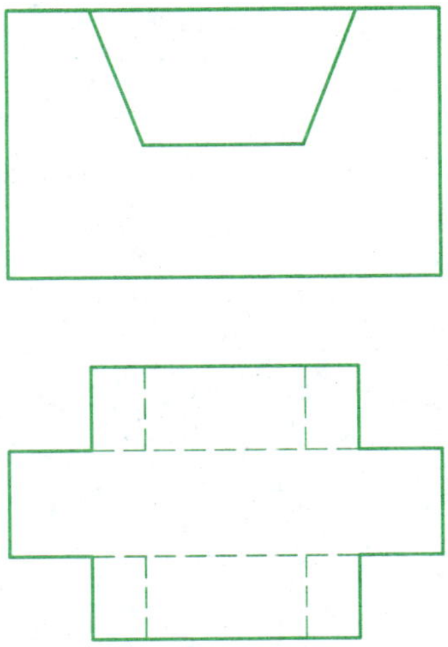

7.4 组合体的读图	班级		姓名		学号	

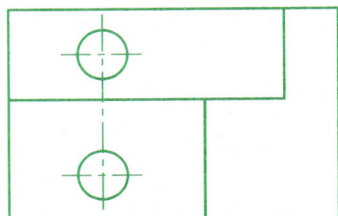

(13)

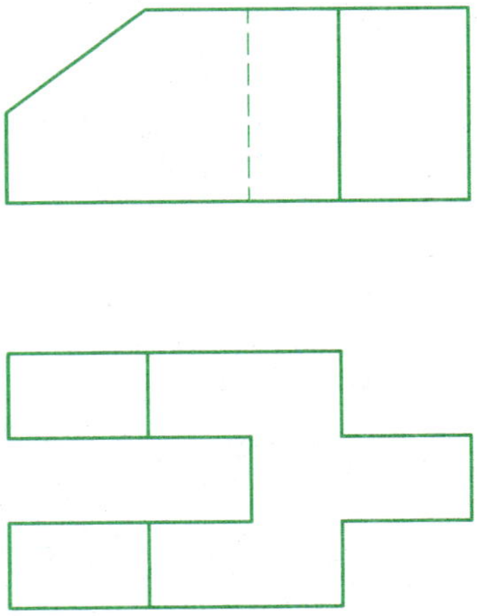

(14)

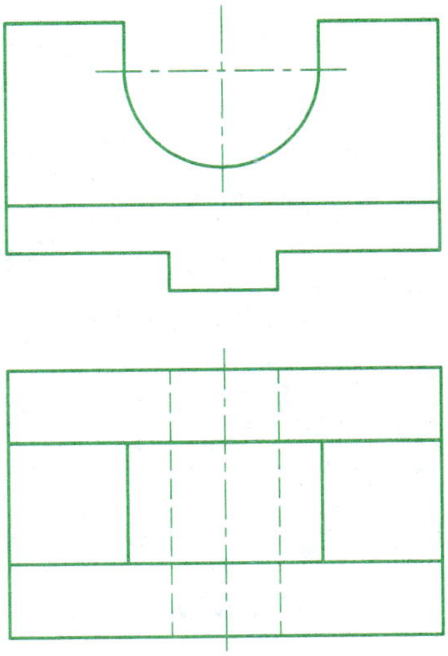

7.4 组合体的读图	班级		姓名		学号	

(15)

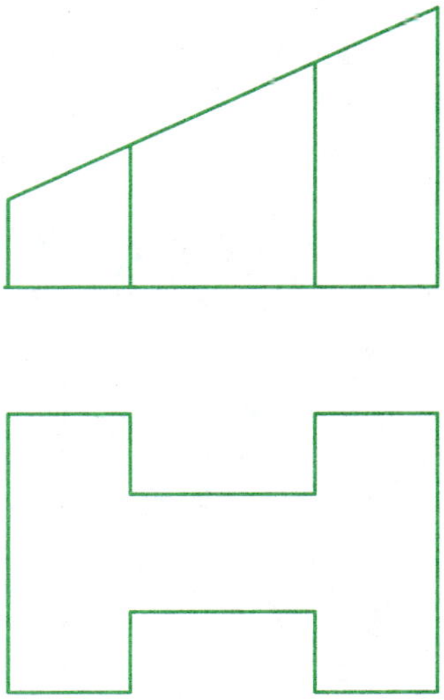

(16)

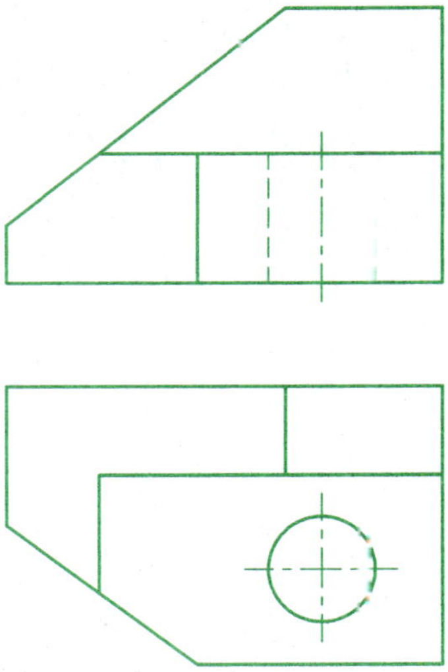

7.4 组合体的读图	班级		姓名		学号	

(17)

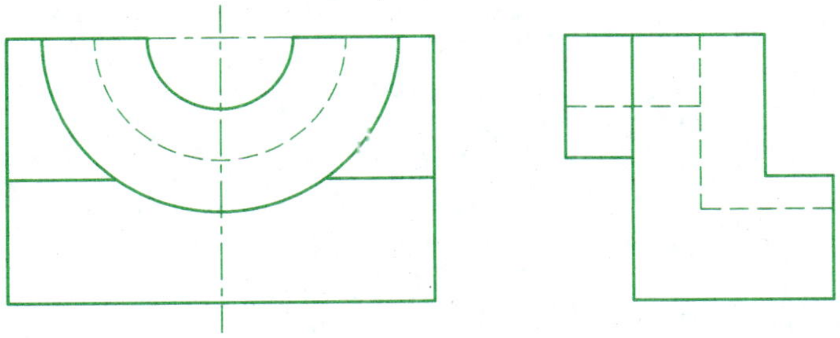

(18)

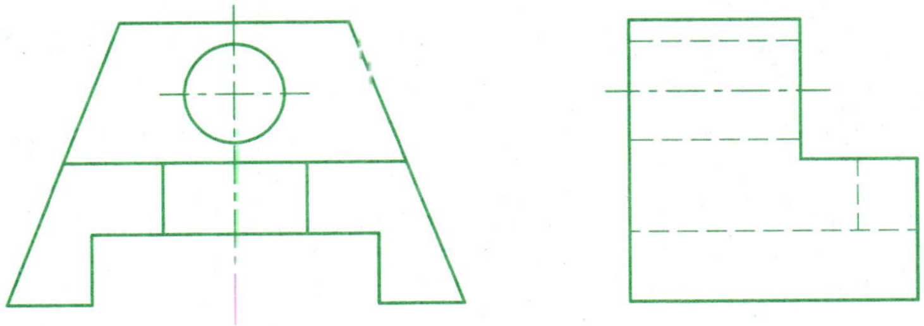

7.4 组合体的读图	班级		姓名		学号	

第8章　轴测投影

思考题。

(1) 轴测投影是如何形成的？

(2) 什么是轴测轴、轴间角、轴向伸缩系数、轴测投影面？

(3) 轴测投影有哪些类别？

(4) 轴测投影有哪些特性？

(5) 正等轴测图是如何形成的？其轴间角和轴向伸缩系数是什么？

(6) 平面立体正等轴测图的画法步骤是什么？

(7) 曲面立体正等轴测图的画法步骤是什么？

(8) 斜二轴测图的轴间角和轴向伸缩系数是什么？

(9) 平面立体斜轴测投影的画法步骤是什么？

(10) 曲面立体斜轴测投影的画法步骤是什么？

(11) 轴测图的选择原则是什么？

(12) 轴测图的投射方向是如何选择的？

8.1 思考题	班级		姓名		学号	

绘制形体的正等轴测图。

(1)

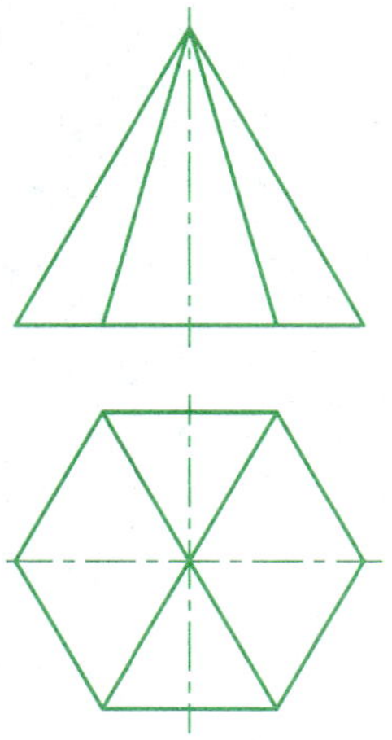

(2)

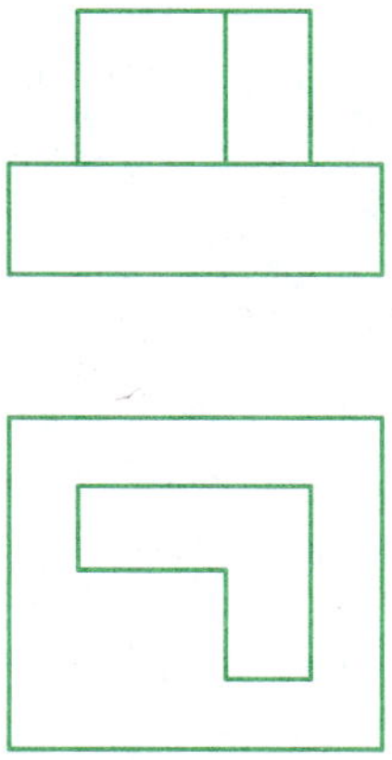

8.2 正等轴测图	班级		姓名		学号	

(3)

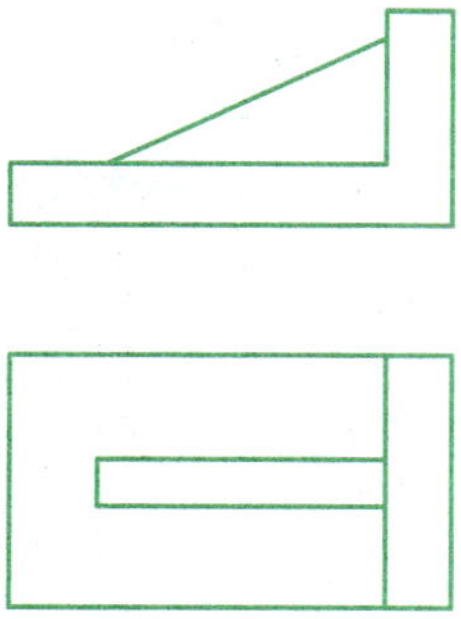

(4)

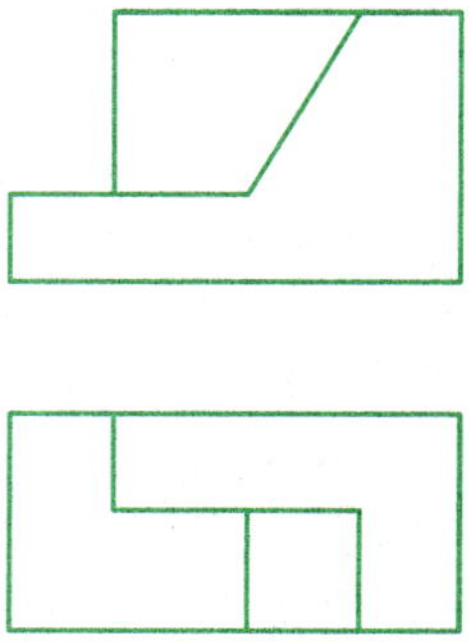

(5)

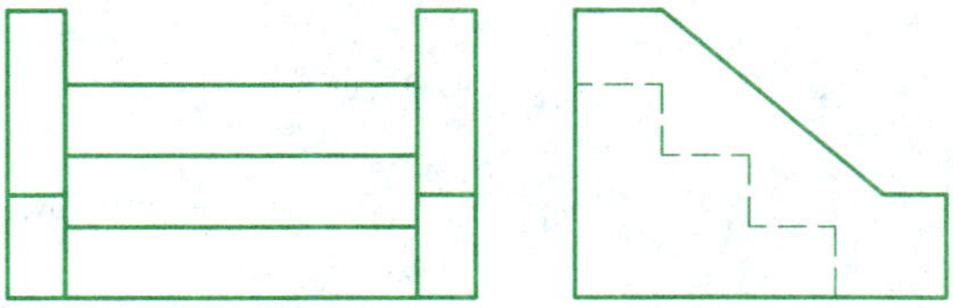

(6)

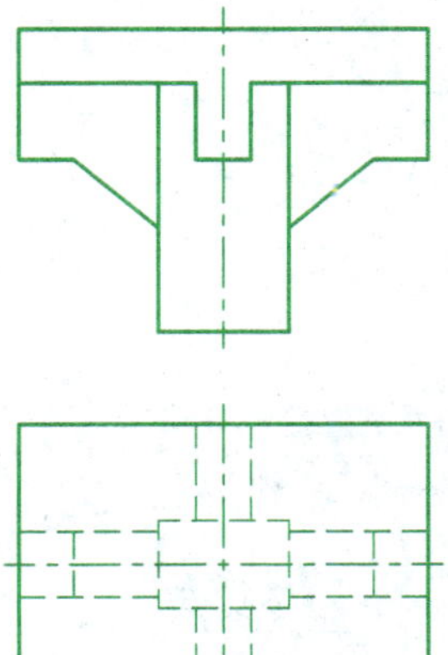

8.2 正等轴测图	班级		姓名		学号	

(7)

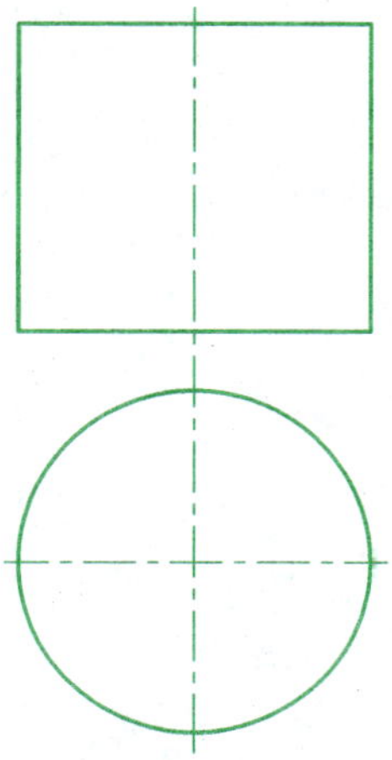

(8)

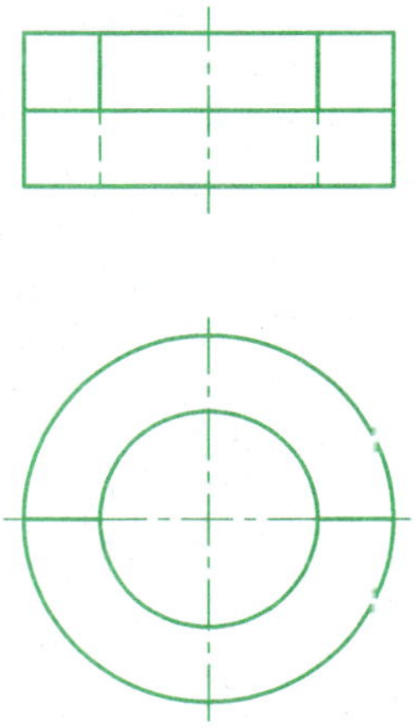

8.2 正等轴测图	班级		姓名		学号	

(9)

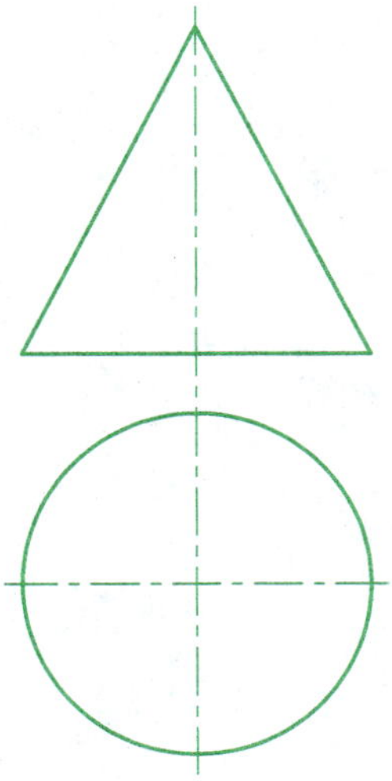

(10)

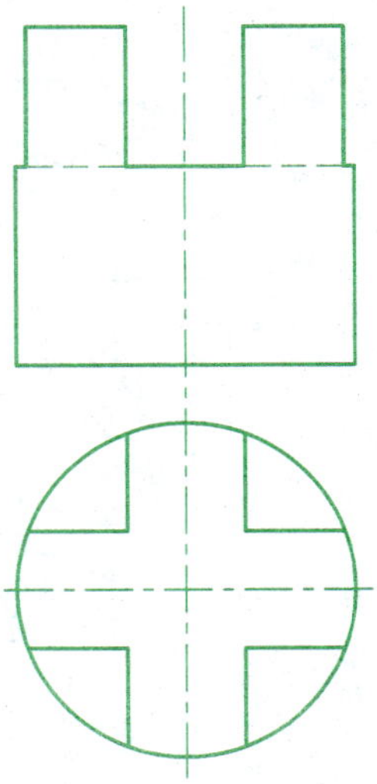

8.2 正等轴测图	班级		姓名		学号	

绘制形体的斜二轴测图。

(1)

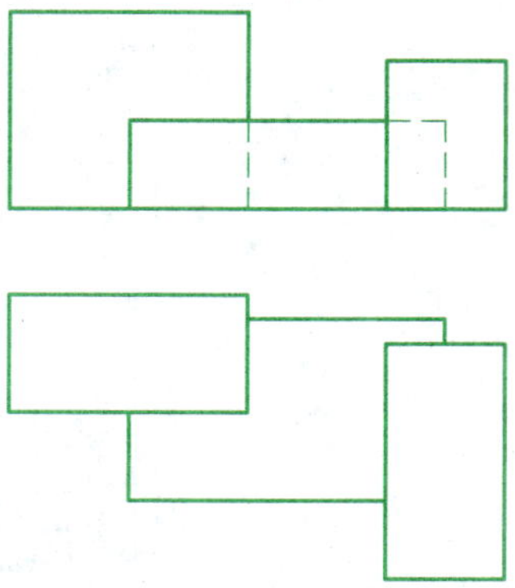

(2)

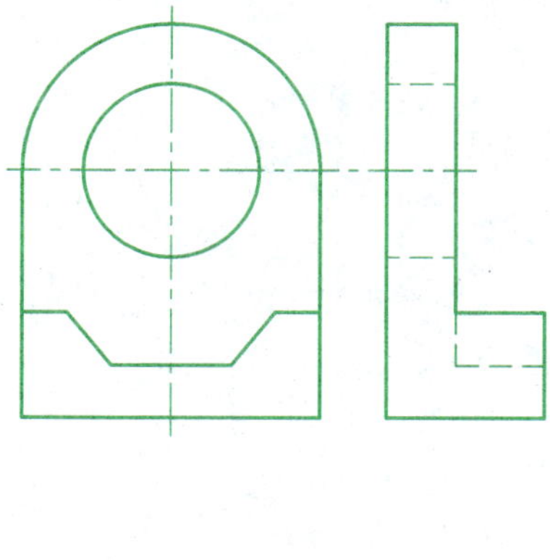

8.3 斜二轴测图	班级		姓名		学号	

(3)

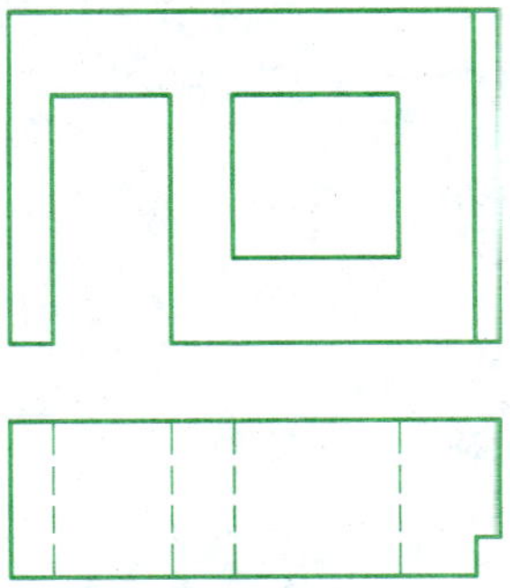

(4)

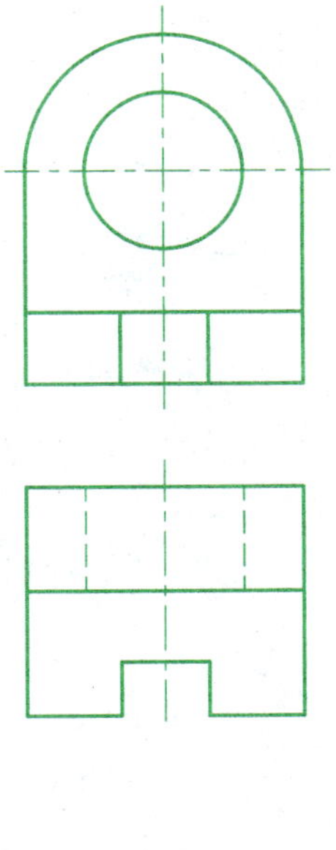

8.3 斜二轴测图	班级		姓名		学号	

第9章　建筑图样的画法

思考题。

(1) 视图是如何形成的？

(2) 视图的布置规定是什么？

(3) 什么是镜像投影法？它与平面投影有何区别？

(4) 剖面图是如何形成的？

(5) 剖面图的画法规定是什么？

(6) 常用的剖面图有哪些？

(7) 断面图是如何形成的？

(8) 断面图的标注与剖面图有何不同？

(9) 断面图是如何分类的？

(10) 对称图形是如何简化绘制的？

(11) 相同要素是如何简化绘制的？

(12) 什么是折断画法？

9.1 思考题	班级		姓名		学号	

1. 用适当比例在A3图纸上绘制下面形体的正立面图、平面图及左侧立面图。

(1)

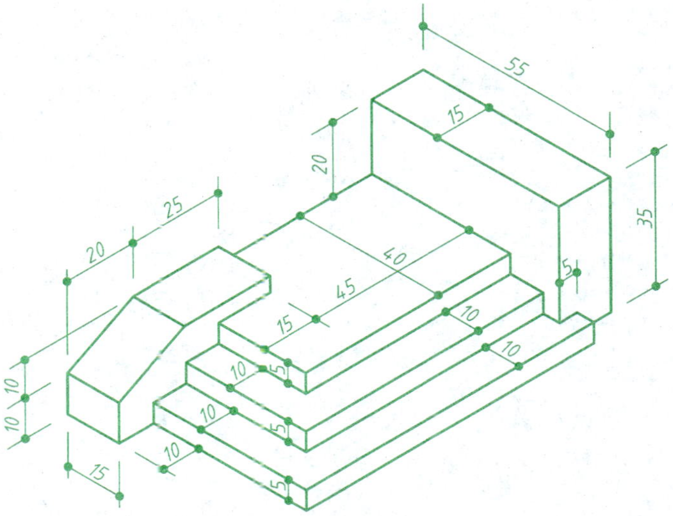

(2)

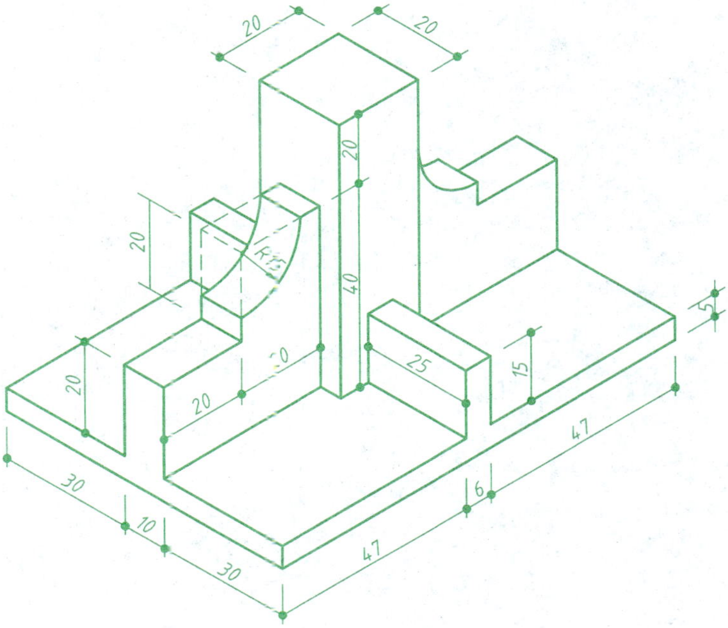

9.2 视图	班级		姓名		学号	

2. 补绘形体的背立面图和右侧立面图。

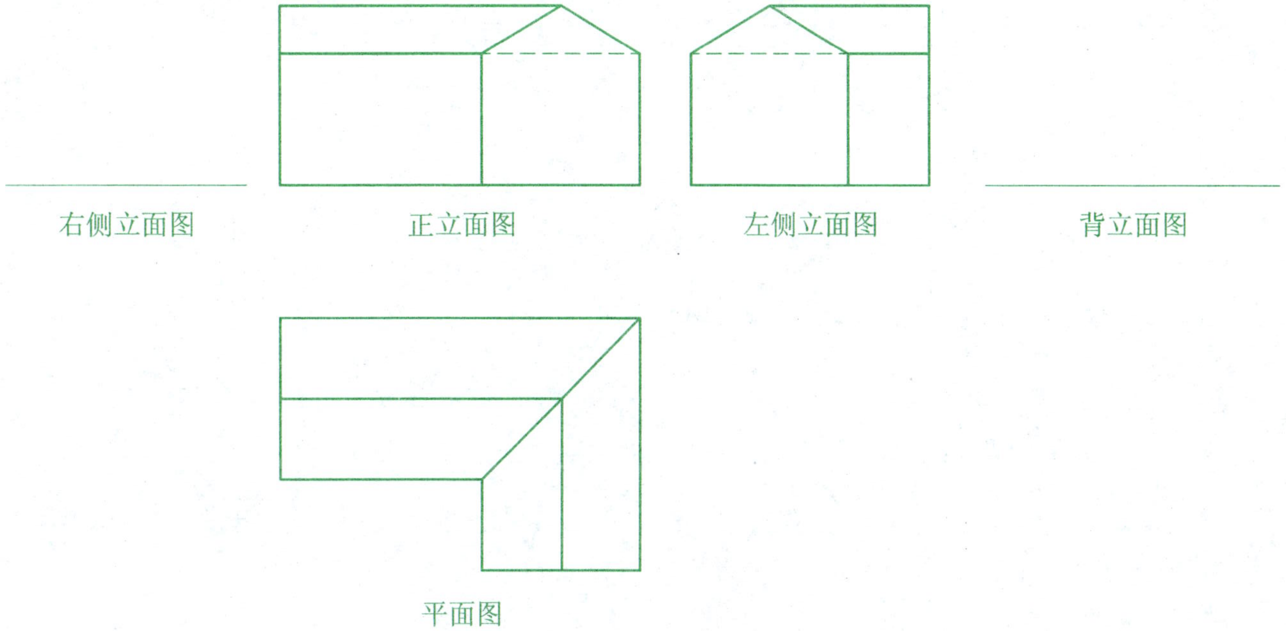

9.2 视图	班级		姓名		学号	

3. 求形体的第三视图。

(1)

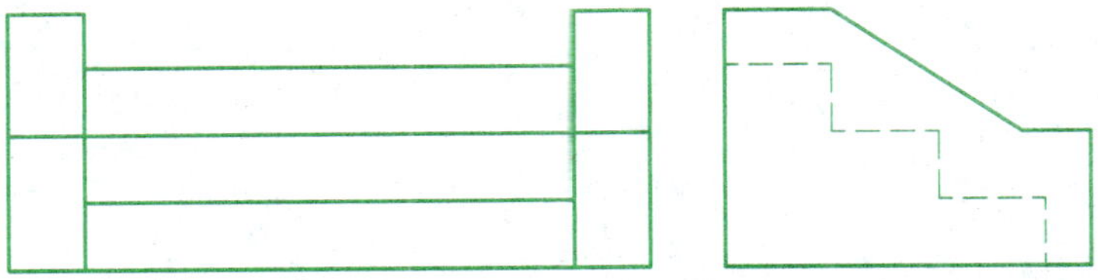

(2)

9.2 视图	班级		姓名		学号	

(3)

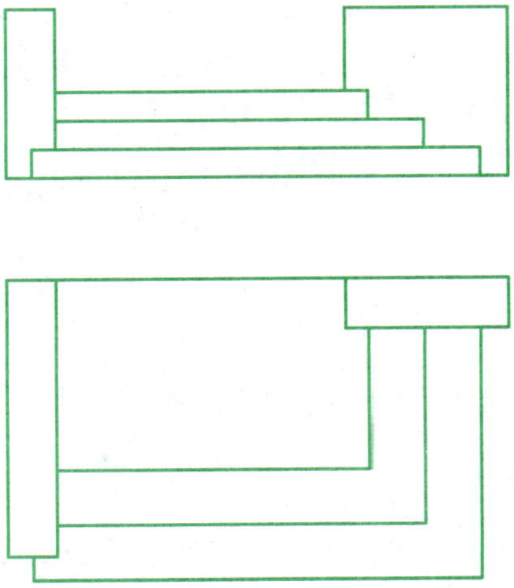

(4)

9.2 视图	班级		姓名		学号	

(5)

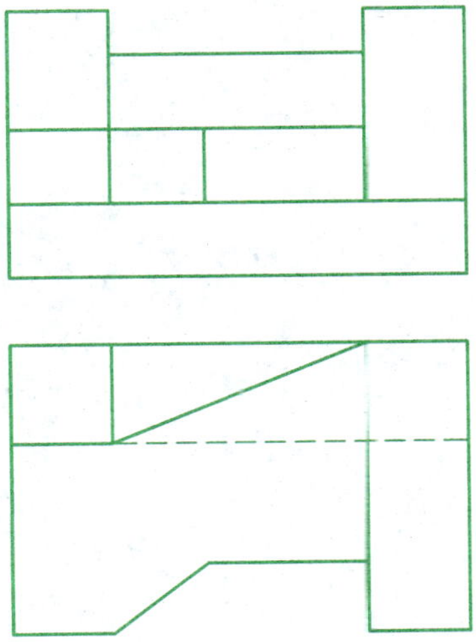

(6)

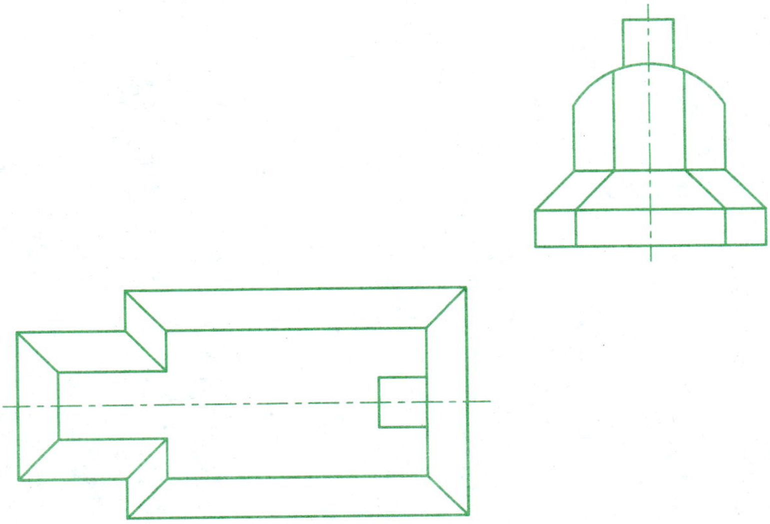

9.2 视图	班级		姓名		学号	

(7)

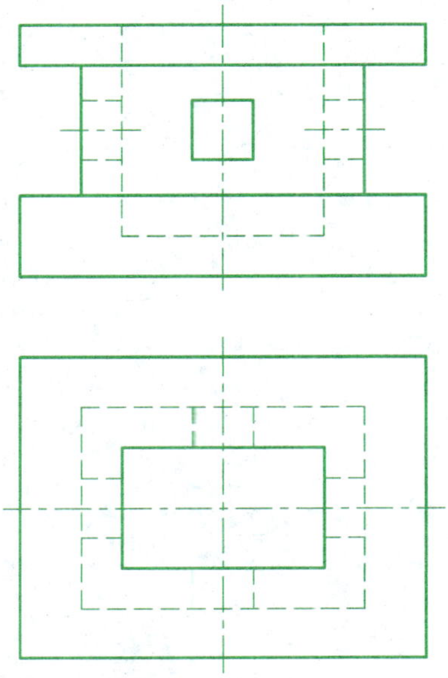

(8)

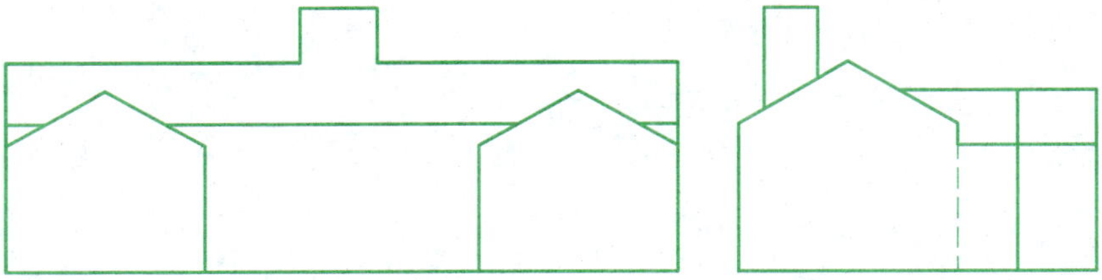

9.2 视图	班级		姓名		学号	

1. 在右侧空白处画出全剖的正立面图。

(1)

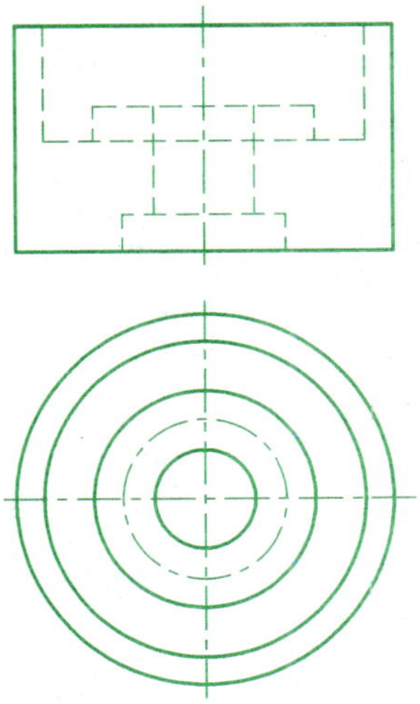

(2)

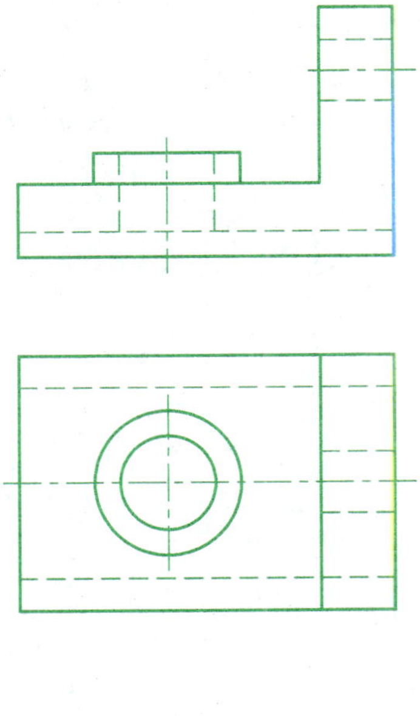

9.3 剖面图	班级		姓名		学号	

2. 在右侧空白处画出1-1剖面图。

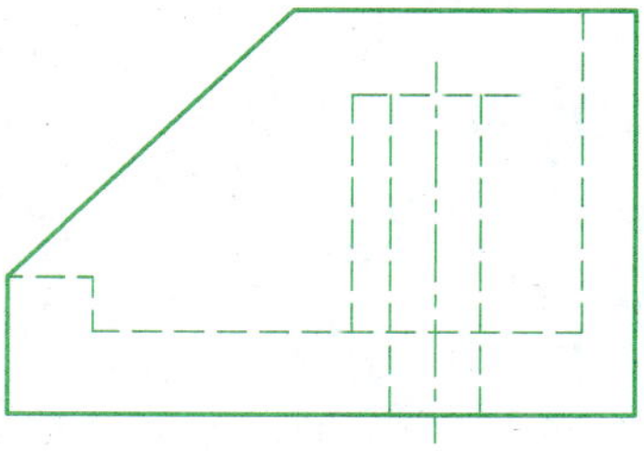

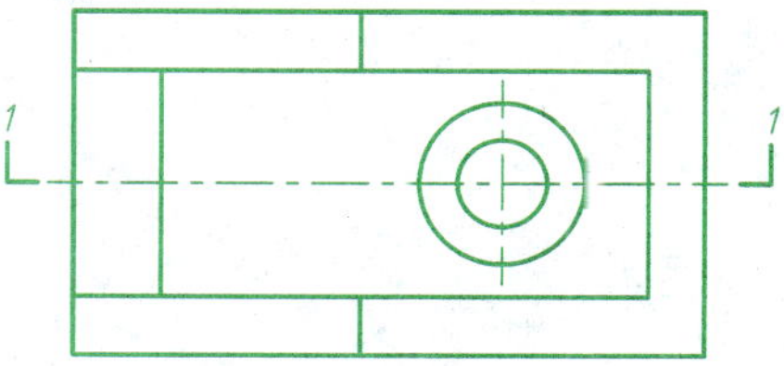

3. 求作左侧立面图，并将正立面图和左侧立面图改画成合适剖面图。

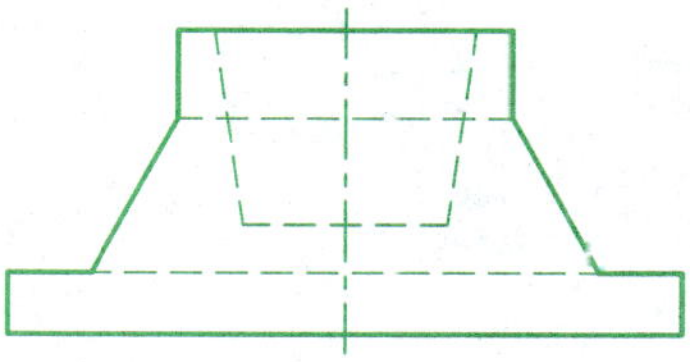

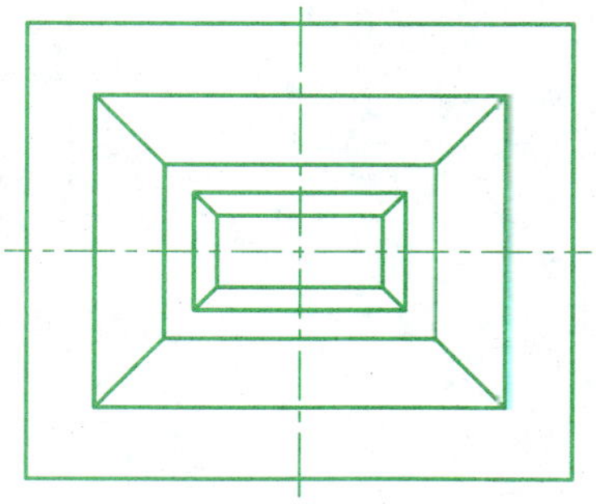

4. 在右侧空白处绘制1-1旋转剖面图。

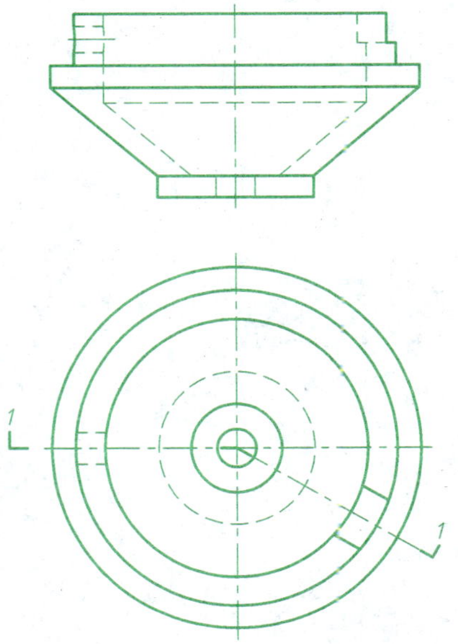

5. 在右侧空白处绘制1-1阶梯剖面图。

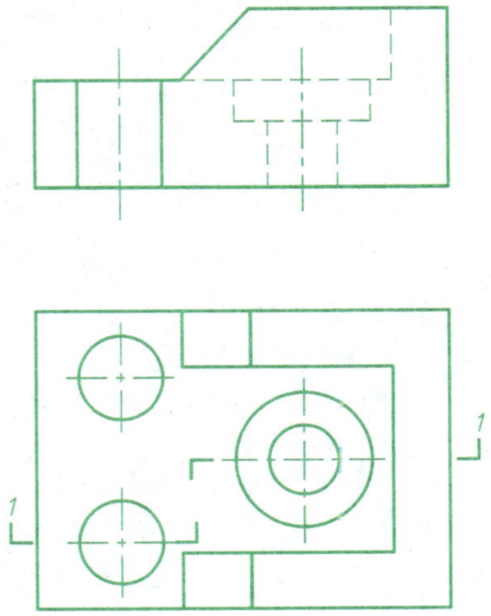

9.3 剖面图	班级		姓名		学号	

1. 在A3图纸上抄绘下图，并补画出2-2剖面图和3-3、4-4、5-5断面图。(比例自定)

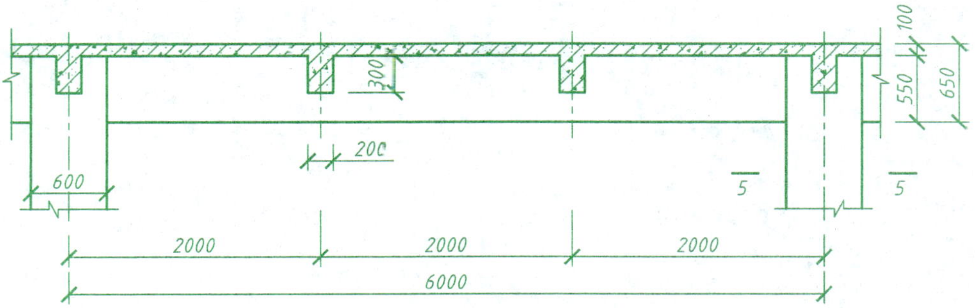

1-1剖面图 1：50

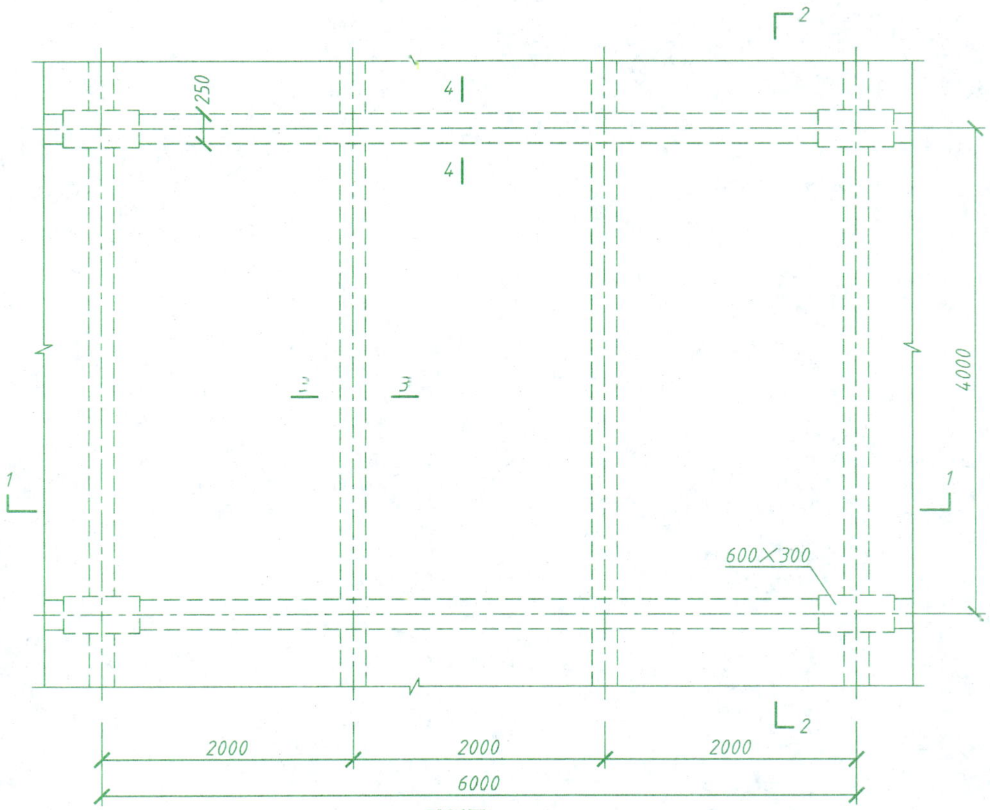

平面图 1：50

9.4 断面图	班级		姓名		学号	

2. 在右侧空白处绘制1-1，2-2，3-3断面图。(比例1：25)

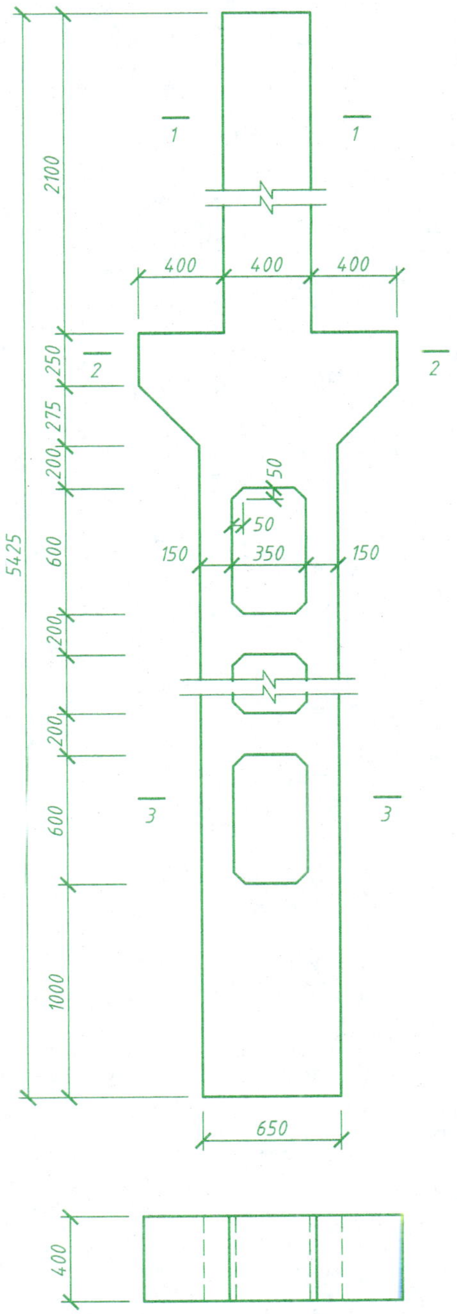

9.4 断面图	班级		姓名		学号	

3. 在下侧空白处绘制1-1，2-2断面图。(比例自定)

(1)

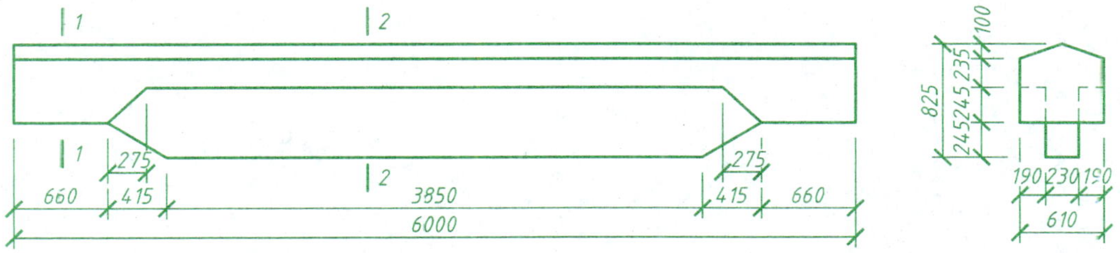

(2)

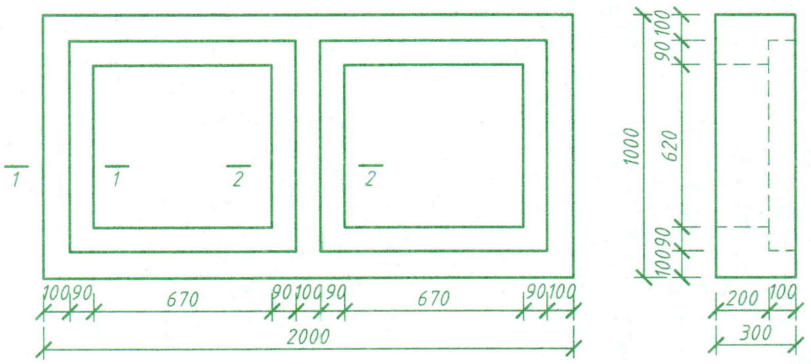

9.4 断面图	班级		姓名		学号	

4. 在指定位置绘制相应位置的剖面图和断面图。(比例1∶1)

(1)

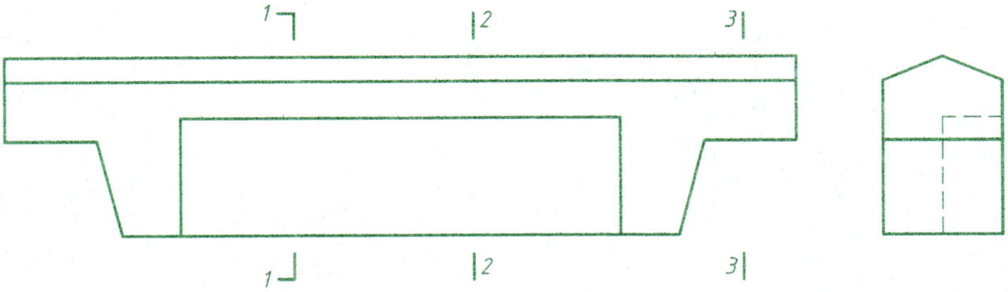

1-1　　2-2　　3-3

(2)

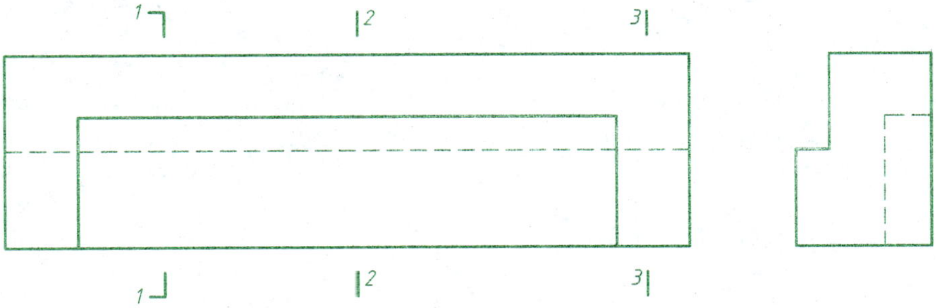

1-1　　2-2　　3-3

9.4 断面图	班级		姓名		学号	

思考题。

(1) 房屋施工图有哪些类别？

(2) 房屋施工图有哪些图示特点？

(3) 建筑施工图有哪些基本规定？

(4) 建筑设计说明包含哪些内容？

(5) 建筑总平面图是如何形成的？

(6) 建筑总平面图的图示内容是什么？

(7) 建筑平面图是如何形成的？

(8) 建筑平面图的图示内容是什么？

(9) 建筑立面图是如何形成的？

(10) 建筑立面图的图示内容是什么？

(11) 建筑剖面图是如何形成的？

(12) 建筑剖面图的图示内容是什么？

(13) 建筑详图是如何形成的？

(14) 建筑详图的图示内容是什么？

(15) 建筑详图的图示特点是什么？

10.1 思考题	班级		姓名		学号	

按图示比例抄绘建筑平面图，标注齐全。

(1)

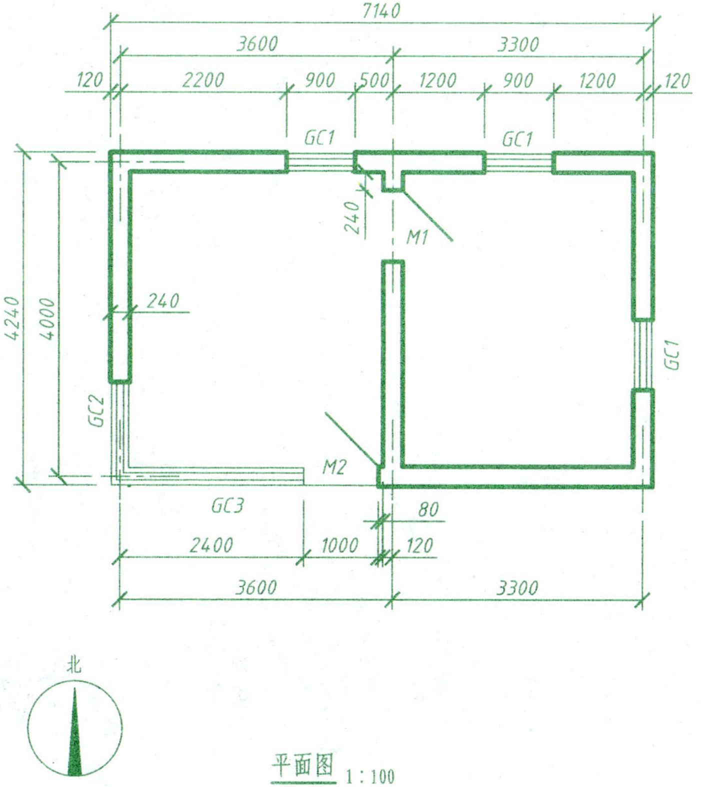

平面图 1 : 100

10.2 建筑平面图	班级		姓名		学号	

(2)

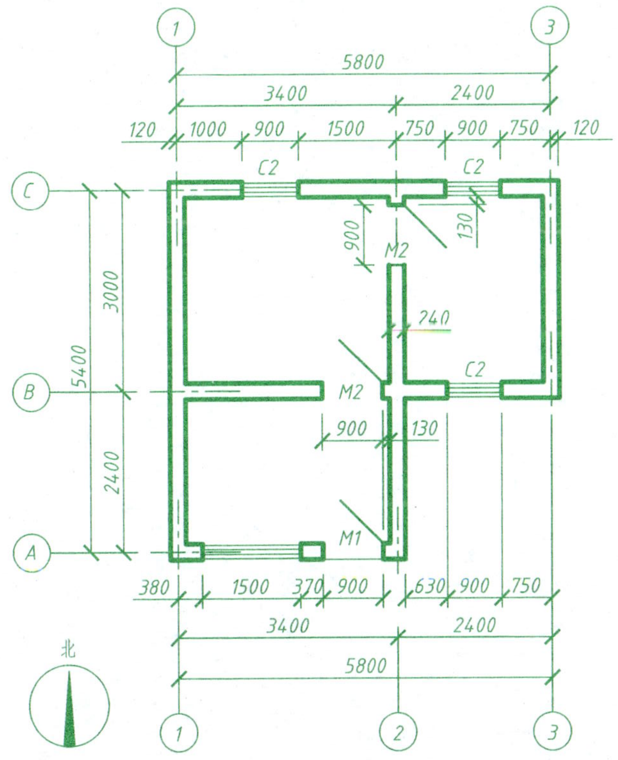

平面图 1:100

10.2 建筑平面图	班级		姓名		学号	

1. 根据已知条件，完成下面内容：

(1) 补全平面图中的尺寸数字和轴线编号。

(2) 补全南立面图中的标高数字。

(3) 画出北立面图。(雨棚宽度和台阶平台宽度相等)

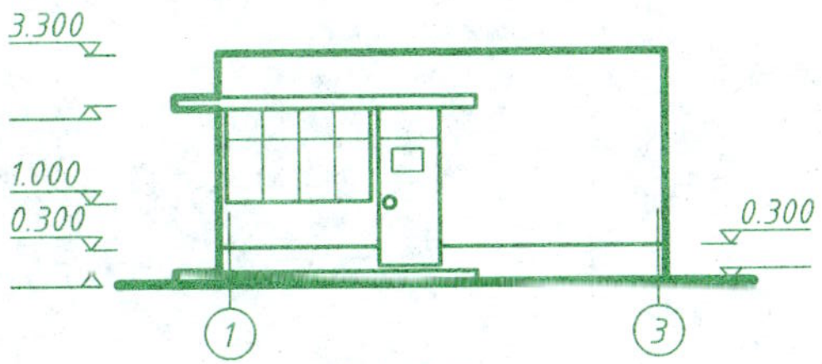

南立面图 1:100

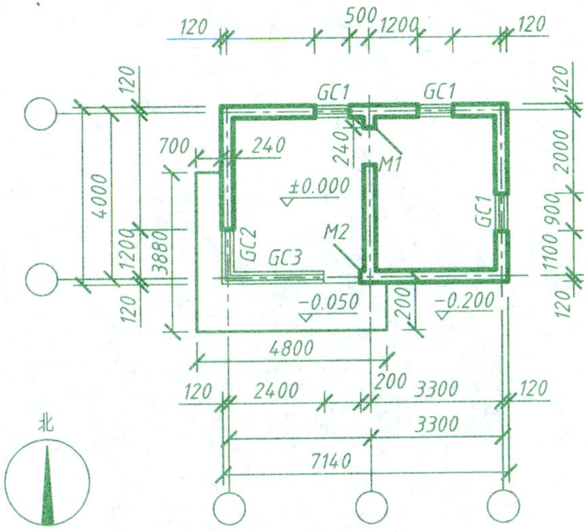

平面图 1:100

北立面图 1:100

门窗表

编号	洞口尺寸		数量
	宽度	高度	
M1	900	2100	1
M2	1000	2500	1
GC1	900	1500	3
GC2	1200	1500	1
GC3	2400	1500	1

10.3 建筑立面图 | 班级 | 姓名 | 学号

2. 根据建筑详图，完成建筑立面图的檐口部分。

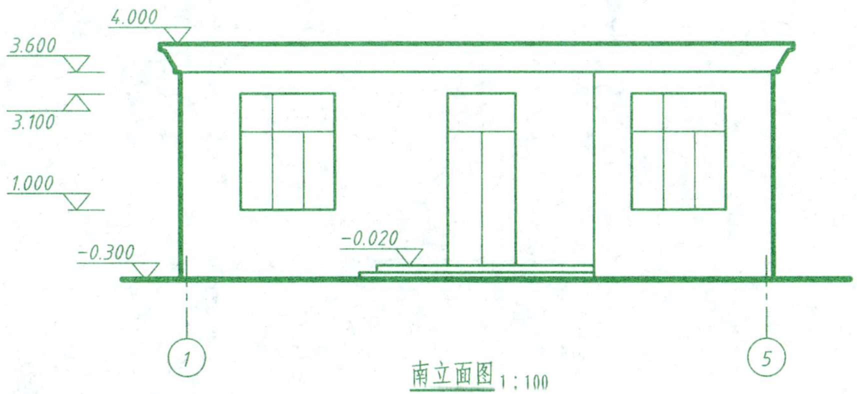

南立面图 1 : 100

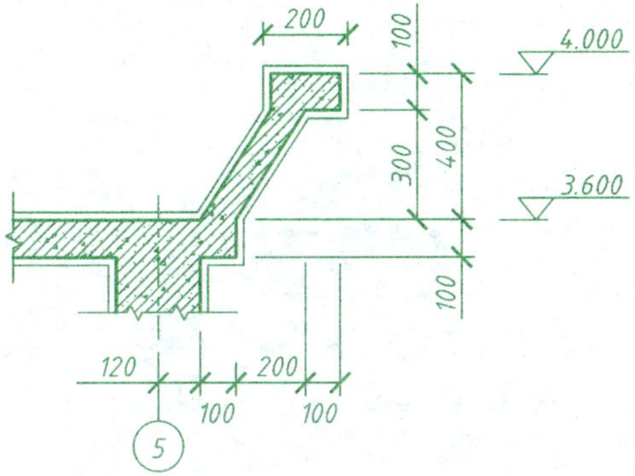

1 1 : 20

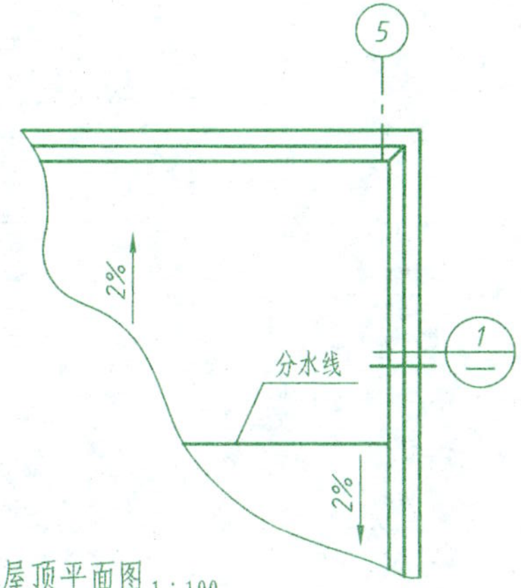

屋顶平面图 1 : 100

10.3 建筑立面图	班级		姓名		学号	

3. 根据已知条件，完成下面内容：

(1) 补全平面图中的尺寸数字、轴线编号和标高数字，并画出指北针。

(2) 补全南立面图中的标高数字。

(3) 画出1-1、2-2剖面图。(雨棚宽度和台阶平台宽度相等)

南立面图 1:100

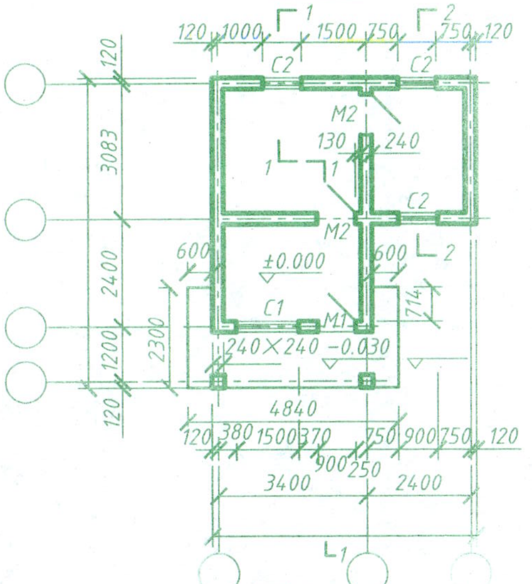

平面图 1:100

1-1剖面图 1:100

2-2剖面图 1:100

门窗表

编号	洞口尺寸		数量
	宽度	高度	
M1	900	2700	1
M2	900	2500	2
C1	1500	1700	1
C2	900	1700	3

10.3 建筑立面图

班级　　　　姓名　　　　学号

根据建筑剖面图，完成建筑详图。

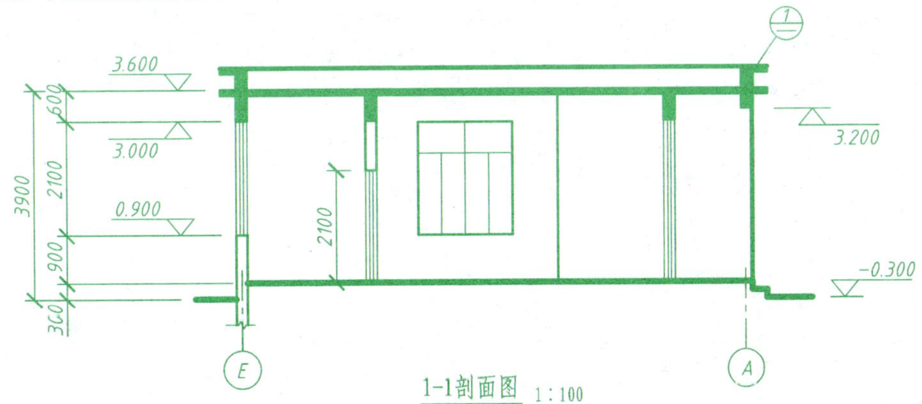

1-1剖面图 1:100

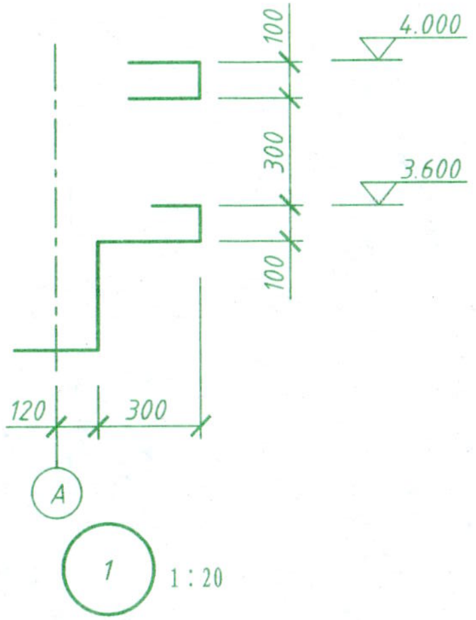

1 1:20

10.4 建筑详图

班级		姓名		学号	

1. 在A3图纸上，按图示比例抄绘建筑施工图，标注齐全。

(1)

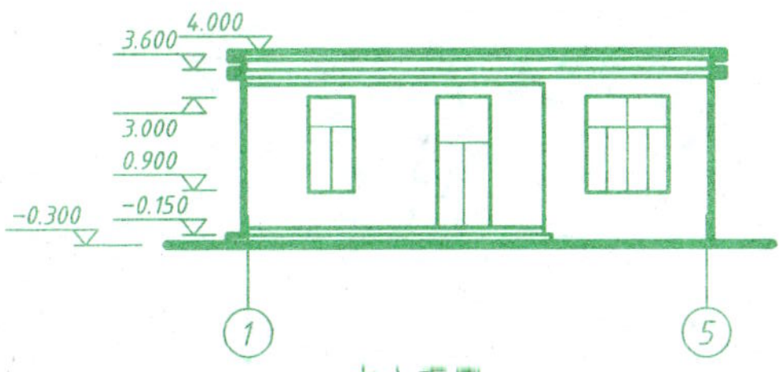

南立面图 1:100

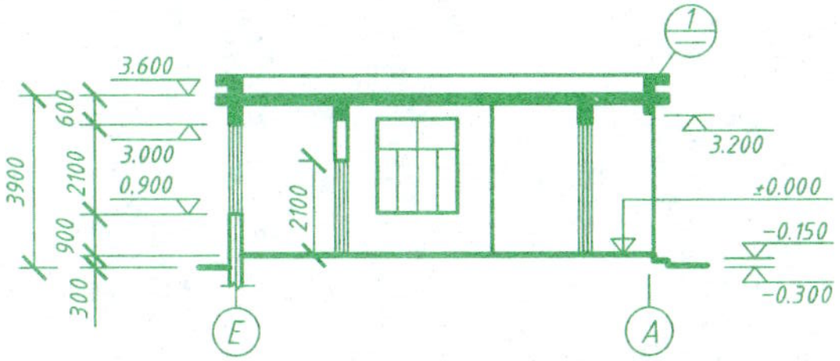

1-1剖面图 1:100

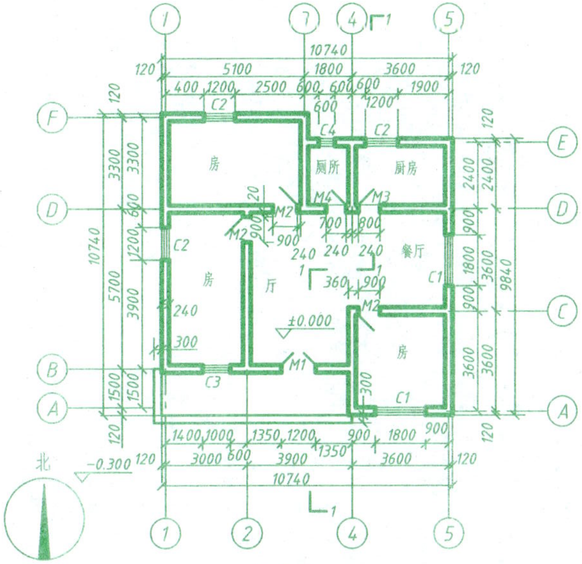

平面图 1:100

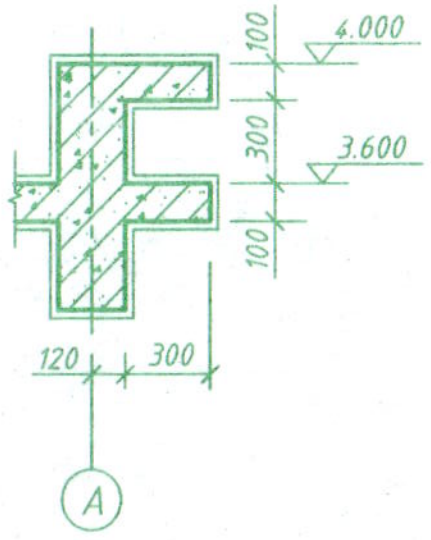

1 1:20

10.5 综合练习 | 班级 | 姓名 | 学号

(2)

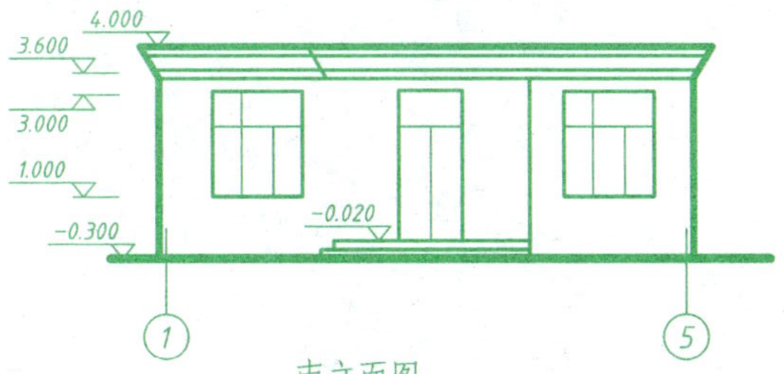

南立面图 1:100

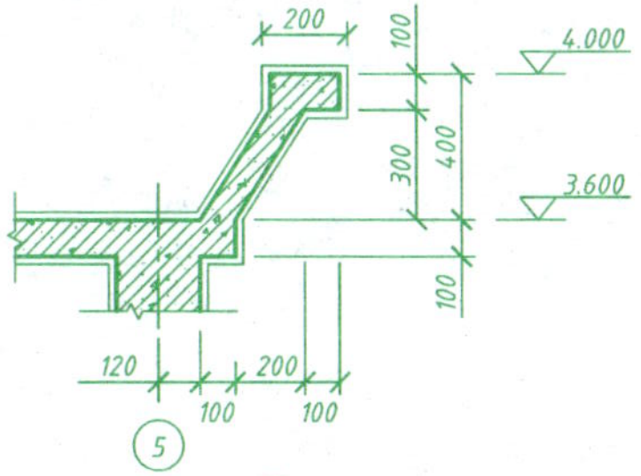

1 1:20

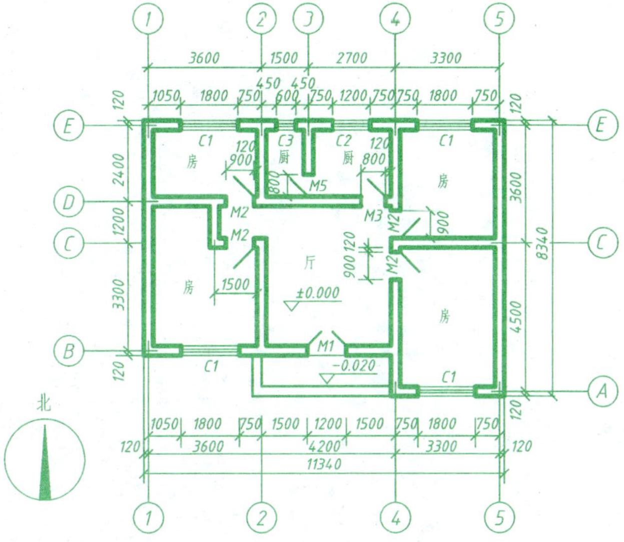

平面图 1:100

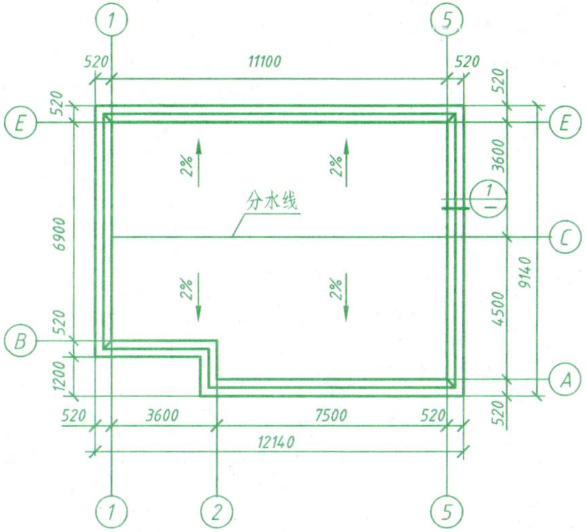

屋顶平面图 1:100

10.5 综合练习	班级		姓名		学号	

2. 阅读附图，完成下面各题。

一、阅读附图1的房屋建筑施工图，完成下面各题。

(1) 右上图为建筑剖面图，要求：

① 补画图中所缺内容；② 在横线上标注其名称；③ 在两圆圈内填写定位轴线编号。

(2) 右下图为建筑详图，要求：

① 在其下面标注详图符号；② 在Ⅰ、Ⅱ两处所示位置标注标高；③ 在空白圆圈内填写定位轴线编号。

(3) 左下图为建筑平面图，要求：

① 在合适位置绘制指北针；② 在Ⅲ、Ⅳ两处所示位置标注标高；③ 标注建筑物的总长、总宽。

二、附图2为某别墅的建筑施工图，首层室内地面标高为±0.000，厨房地面比室内低20 mm，厕所地面比室内低30 mm，室外平台的顶面比室内低20 mm，请完成下面各题：

(1) 补全图中漏标的尺寸、标高、定位轴线编号及各图图名。

(2) 该别墅正门所在立面的朝向为正南，在平面图的合适位置画出指北针。

(3) 该别墅共有(　　　　)层楼，房屋总长为(　　　　)m，总宽为(　　　　)m，总高为(　　　　)m，层高为(　　　　)m，墙厚为(　　　　)m。底层共有门(　　　　)种，窗(　　　　)种，其中首层卧室南窗的窗洞口尺寸(宽×高)为(　　　　)m，门的洞口尺寸(宽×高)为(　　　　)m，进深为(　　　　)m，开间为(　　　　)m。

(4) 平面图中线性尺寸规定以(　　　　)为单位，而标高以(　　　　)为单位，绝对标高注写到小数点后(　　　　)位，相对标高注写到小数点后(　　　　)位。

三、读懂附图3的建筑施工图，完成填空。

(1) 写出下面平面图中各序号所指部分的含义：

1(　　　　)，2(　　　　)，3(　　　　)，4(　　　　)，5(　　　　)，6(　　　　)，7(　　　　)，8(　　　　)。

(2) 图示建筑平面图为(　　　　)层平面图，此建筑物总长为(　　　　)m，总宽为(　　　　)m，有横向定位轴线(　　　　)条，纵向定位轴线(　　　　)条；卧室2的开间为(　　　　)m，进深为(　　　　)m；平面图中的尺寸分为(　　　　)尺寸和(　　　　)尺寸两部分，其中外部尺寸一般有(　　　　)道尺寸，由内向外第一道尺寸表示(　　　　　　)，第二道尺寸表示(　　　　　　)，第三道尺寸表示(　　　　　　)。此建筑物的朝向为(　　　　)。

10.5 综合练习	班级		姓名		学号	

附图1

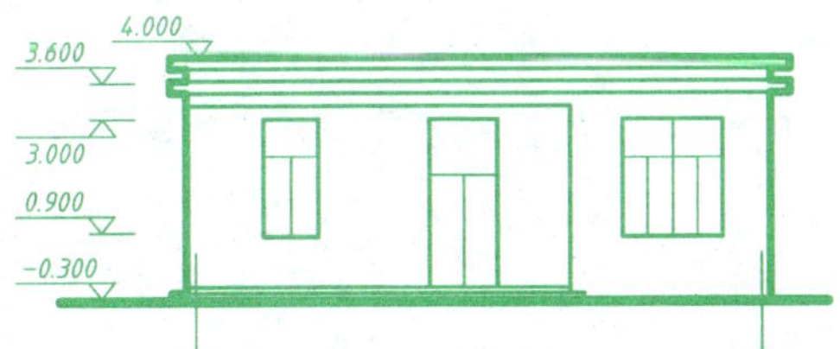

南立面图 1∶100

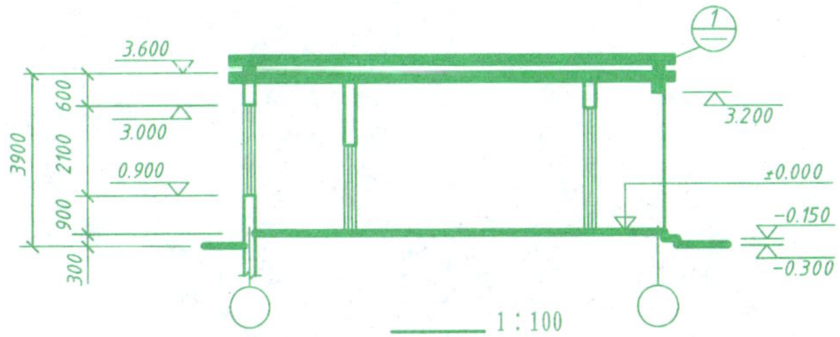

1∶100

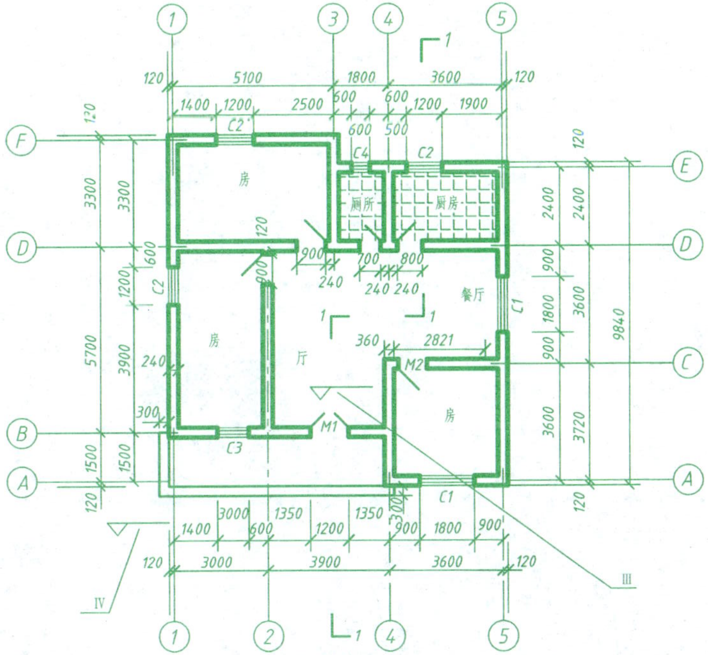

平面图 1∶100

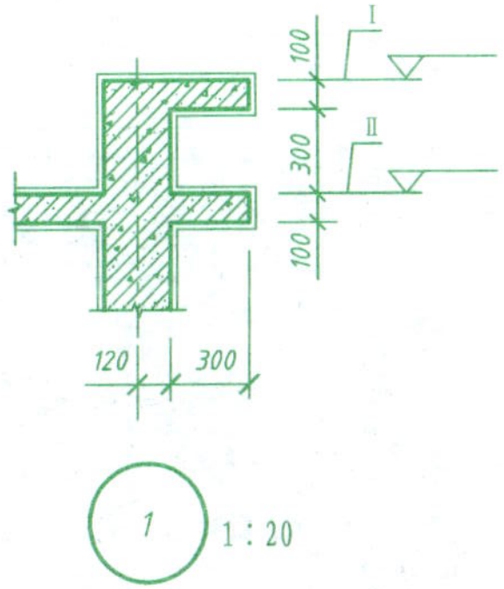

1 1∶20

10.5 综合练习

班级		姓名		学号	

附图2

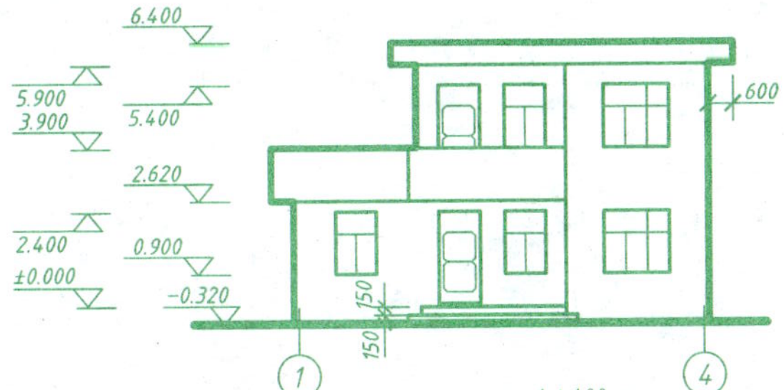

1:100

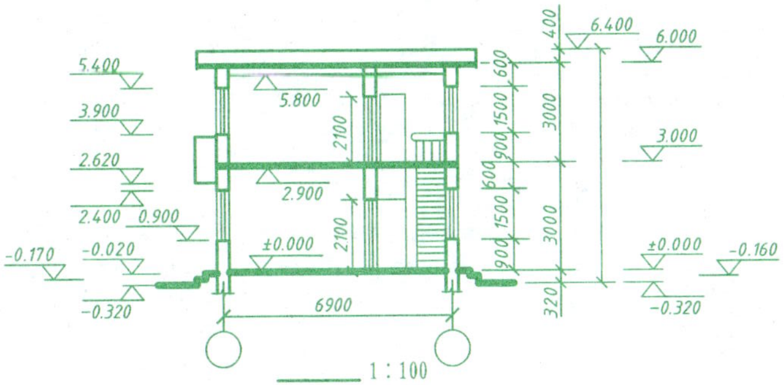

1:100

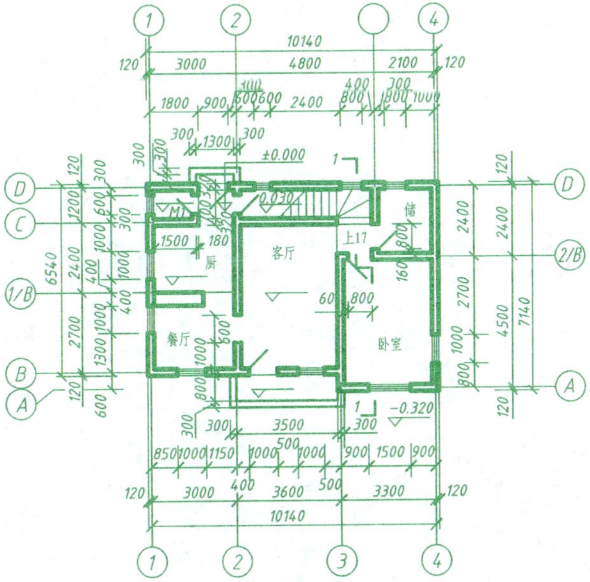

底层平面图 1:100

10.5 综合练习

班级		姓名		学号	

附图3

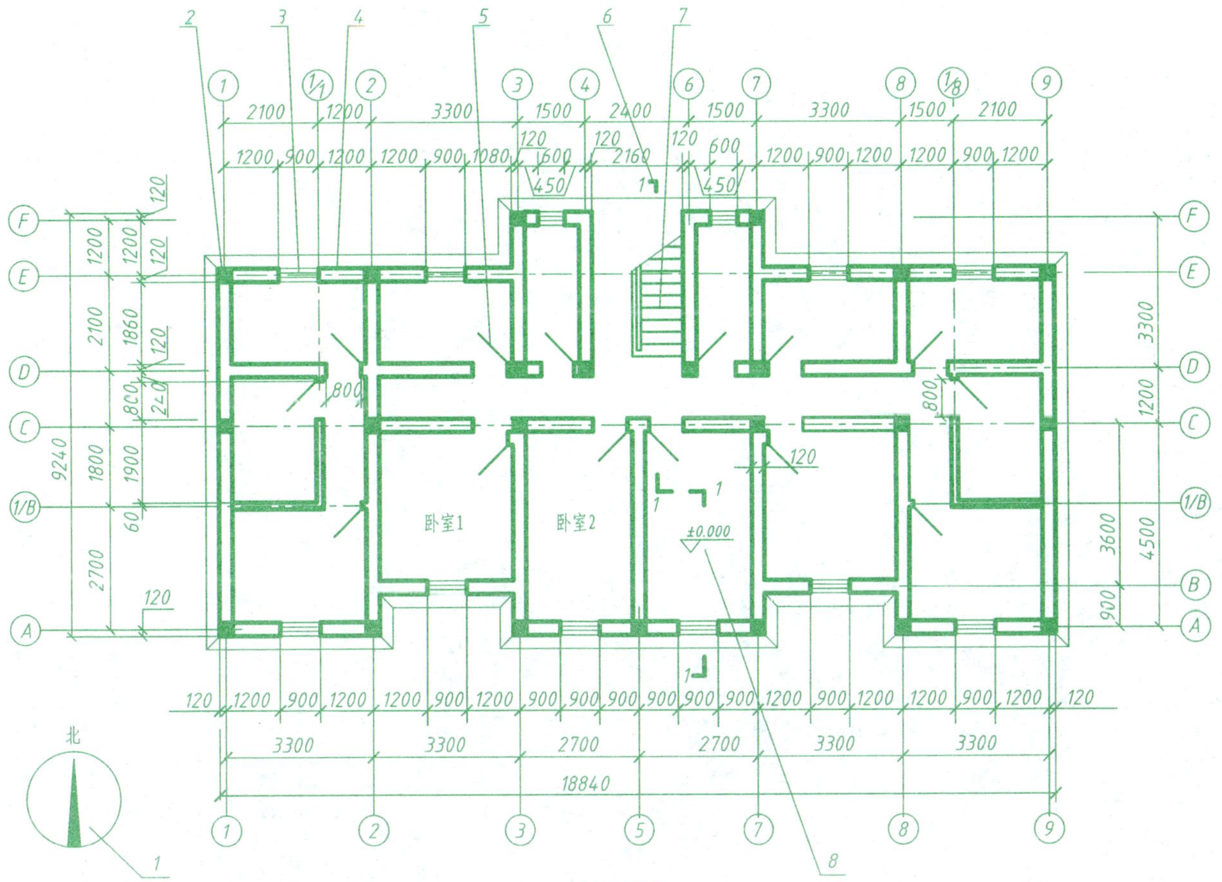

??平面图 1:100

10.5 综合练习

班级		姓名		学号	

1. 填空：

(1) 结构施工图主要表达结构设计的内容，它主要表示建筑物的结构类型、(　　　　　)、各构件的种类、(　　　　　)以及构件间的相互连接等。

(2) 结构施工图主要包括(　　　　　)、(　　　　　)和(　　　　　)。

(3) 由混凝土和钢筋两种材料构成整体的构件，称为(　　　　　)构件。钢筋按其强度和品种分为不同等级，其中Ⅰ级钢筋的直径符号为(　　　　　)；Ⅱ级钢筋的直径符号为(　　　　　)；Ⅲ级钢筋的直径符号为(　　　　　)。混凝土按其抗压强度可分为不同的强度等级：C15、(　　　　　　　　　　　　　　　)、C80等14种。

(4) 钢筋混凝土梁和板的钢筋，按其所起作用给予不同的名称：梁内有(　　　　　)、(　　　　　)、(　　　　　)；板内有(　　　　　)、(　　　　　)。

(5) 钢筋的标注有两种基本方式，用文字说明下列标注形式中文字和符号的意义：

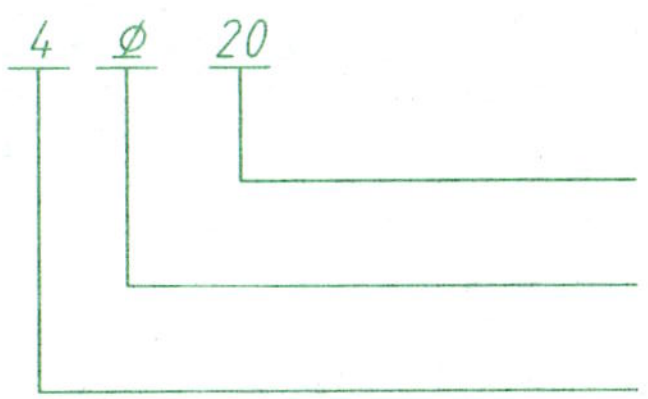

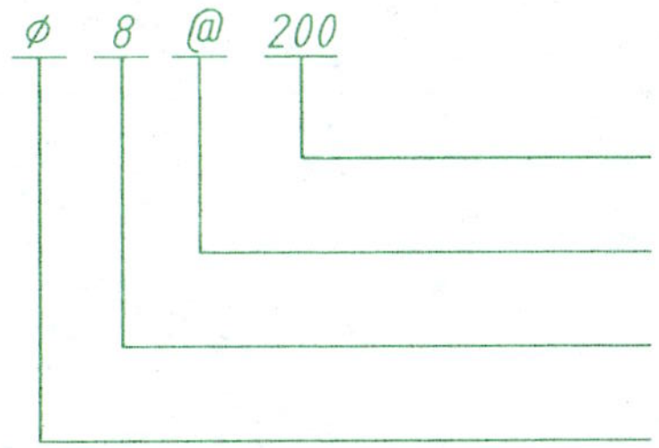

(6) 基础图一般由(　　　　　)和(　　　　　)组成，基础平面图是表示(　　　　　　　　　　　　　　　)的图样，它是用(　　　　　)图来表示的；基础详图是表示基础各部分(　　　　　　　　　　　　　　　)的图样，它是以(　　　　　)图的形式来表示的。

11.1 思考题	班级		姓名		学号	

(7) 基础的形式一般取决于上部承重结构的形式，如：墙下的基础做成(　　　　　　)基础；柱下的基础做成(　　　　　　)和(　　　　　　)基础。

(8) 结构平面图是对该层楼板、(　　　　　　)及下层楼板以上的(　　　　　　)等构件的平面布置图样。

(9) 结构平面图中，所标注的板顶或梁底的标高均指(　　　　　　)。

(10) 按图示的规则，现浇板的配筋平面图上，水平方向钢筋按其正立面形状每种画一根表示；竖向钢筋按(　　　　　　)形状每种画一根表示，板内配筋为ϕ- I 级时其弯钩形式有两种，板底的钢筋弯钩为(　　　　　　)，弯钩向(　)，板顶配筋(负筋)的弯钩为(　　　　　　)，弯钩向下。

(11) 预制楼板的布置不必按实际投影分块画出，可简化为一条(　　　　　　)线来表示板的布置范围，并沿其方向注写预制板的(　　　　　　)。

(12) 结构详图是表示建筑物各承重构件(　　　　　　)的详细图样。画配筋图时，将混凝土假想成透明材料，画其外形轮廓用(　　　　　　)线，未被剖切到的钢筋用(　　　　　　)线。

2. 写出下列符号的意义。

(1) B：

(2) TB：

(3) L：

(4) KL：

(5) Z：

(6) GZ：

(7) KZ：

(8) J：

11.1 思考题	班级		姓名		学号	

阅读钢筋混凝土主梁详图，完成要求的图样。

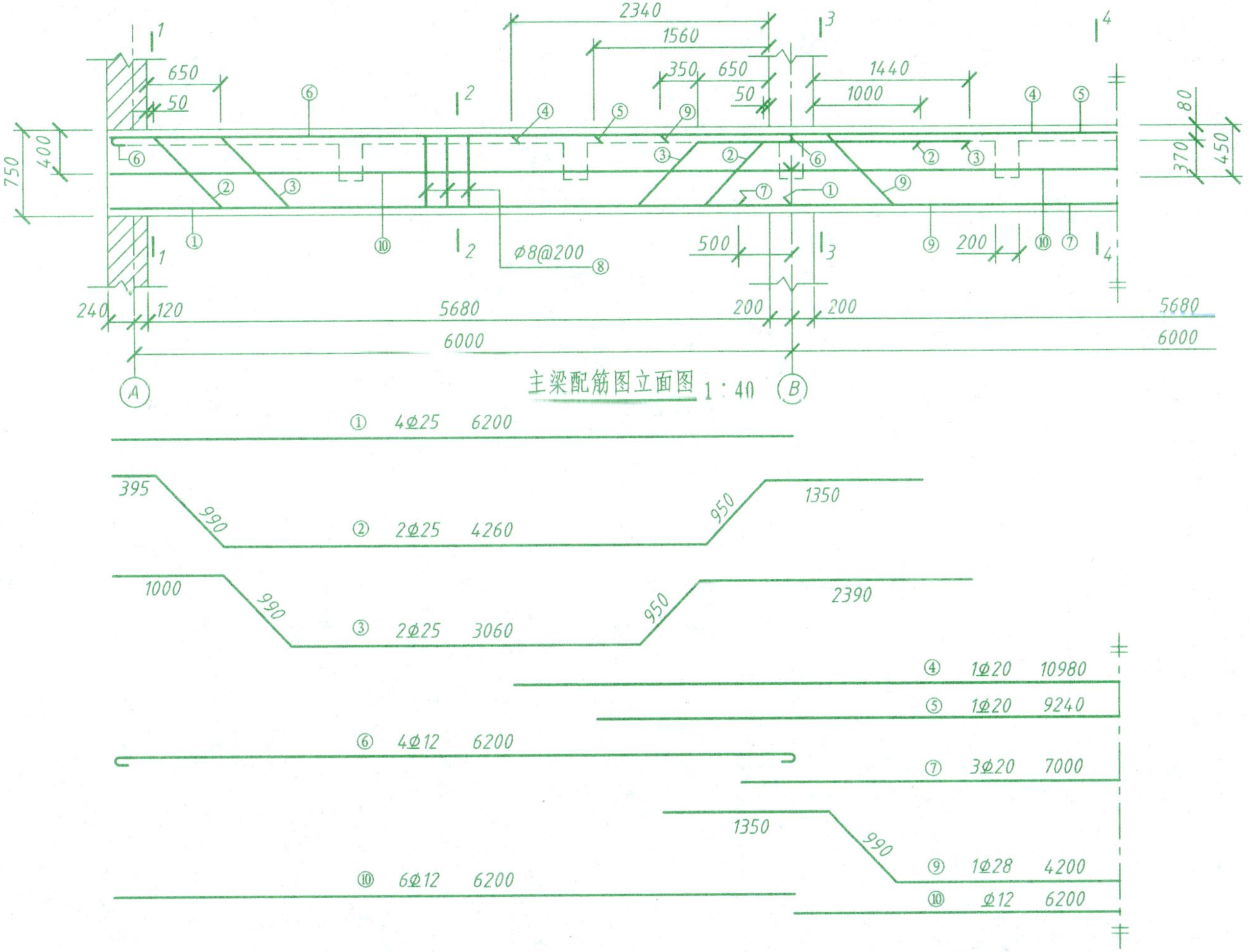

11.2 钢筋混凝土构件详图

班级		姓名		学号	

续

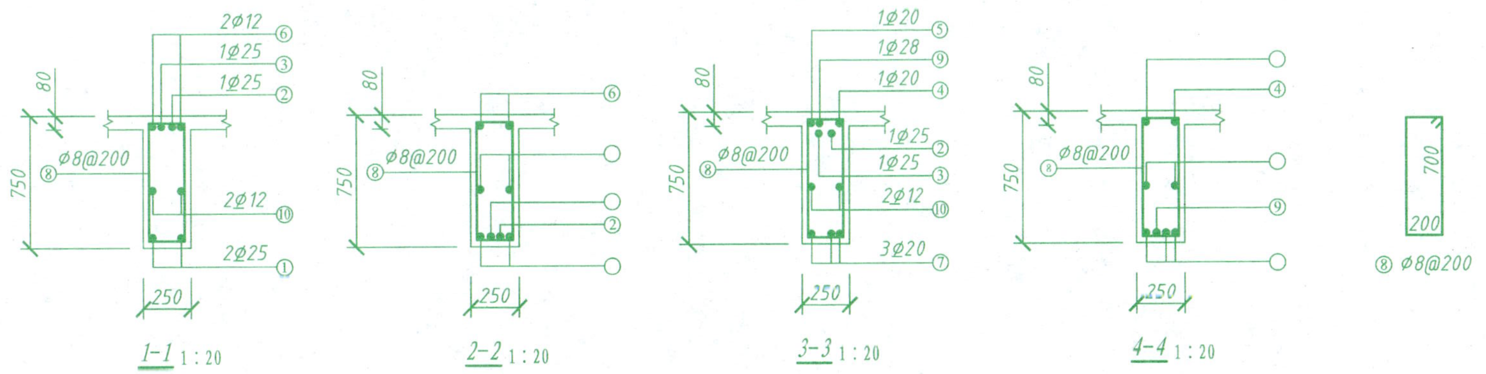

钢筋表

构件	编号	简图	直径	单根长(mm)	根数	总长(m)	备注
主梁	①	6200	⌀25	6200	4	24.80	底筋
	②	395 990 4260 950 1350	⌀25	7945	2	15.89	弯起筋
	③	1000 990 3060 950 2390	⌀25	8390	2	16.78	弯起筋
	④	10980	⌀20	10980	1	10.98	面筋
	⑤	9240	⌀20	9240	1	9.42	面筋
	⑥	6200	⌀12	6410	4	25.64	面筋
	⑦	7000	⌀20	7000	3	21.00	底筋
	⑧	700 200	⌀8	1920	126	241.92	箍筋
	⑨	1350 990 4200 990 1350	⌀28	8880	1	8.88	弯起筋
	⑩	6200	⌀12	6200	6	37.20	腰筋

作业要求：

1. 阅读主梁配筋图；
2. 用A3图纸抄绘主梁配筋立面图，完成2-2、4-4断面图。

11.2 钢筋混凝土构件详图 | 班级 | 姓名 | 学号

绘制基础施工图。

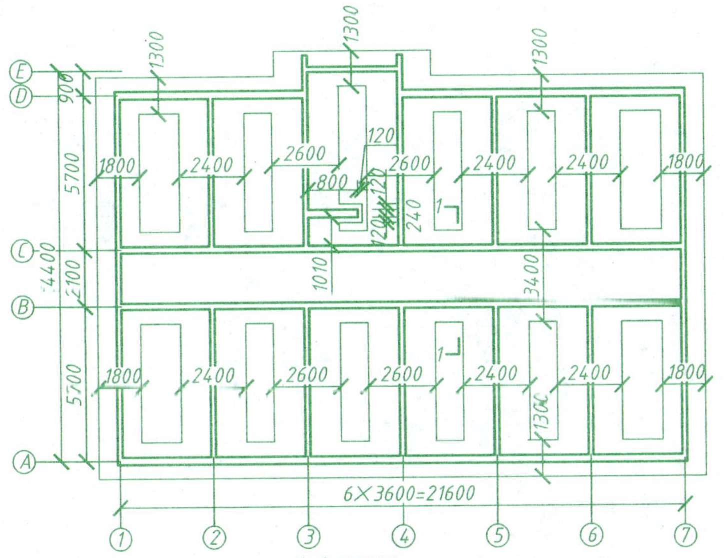

基础平面图 1 : 100

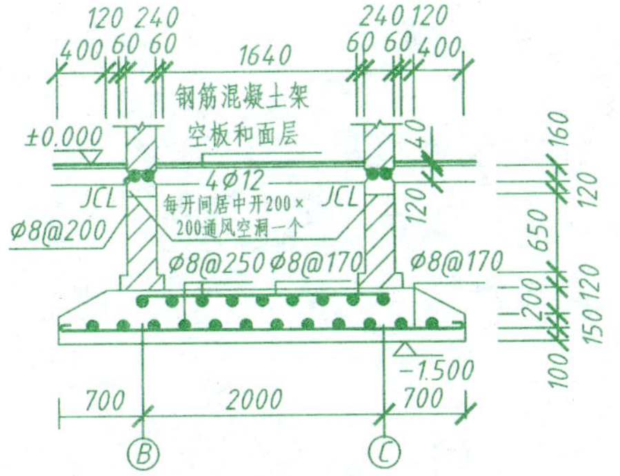

1-1 1 : 30

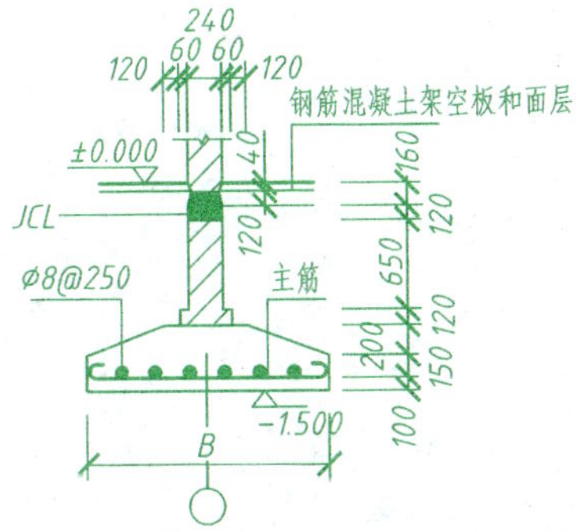

J 1 : 30

基础宽度B	主筋
1300	ϕ8@200
1800	ϕ10@150
2400	ϕ12@160
2600	ϕ4@180

说明:

1. 钢筋混凝土基础的混凝土等级用C15; 垫层为素混凝土C15; JCL用C20; 楼梯基础为素混凝土C15, 250 mm厚, 底面标高为－1.500。
2. 基础纵横交接处, 双向配主筋, 取消分布筋。
3. 砖基础用强度等级为10MU的标准砖和强度等级为M10的砂浆砌筑; JCL以上的墙身都用强度等级为M15的砂浆砌筑。
4. 架空板用120 mm厚的钢筋混凝土板, 架空板下填土至室外地平面, 架空板的面层用40 mm厚C20细石混凝土, 随捣随光。
5. 如以基础的通用详图表示外墙基础, 则室外一侧应改为标高为－0.450的室外地平线, 现暂借用该图。

11.3 基础施工图

班级		姓名		学号	

绘制楼层结构平面图。

1. 要求：

一、图名。

标题栏内写二层结构平面图。

二、目的。

(1) 熟悉一般民用建筑的楼层结构平面图的表达内容和图示特点。

(2) 熟悉钢筋混凝土构件的代号；掌握钢筋混凝土板的代号和编号标注，以及直接在结构平面图上表示配筋的画法。

(3) 熟悉钢筋混凝土构件的断面和配筋画法。

(4) 掌握绘制楼层结构平面图的步骤和画法。

三、图纸。

A3图幅。

四、内容。

(1) 按图示图样的比例，按《画法几何与建筑制图》中所述的图线规格和表达样式，绘制二层结构平面图、梁的断面图，并抄写说明。

(2) 除楼梯间另见详图，以及图中盥洗室和厕所为两跨连续板、走廊为简支板已布置现浇的钢筋混凝土板B-1、B-2外，其余楼面板都采用现浇钢筋混凝土板，以每一寝室为单位，按间支板配筋，短向布置受力筋$\phi 10@150$，分布筋为$\phi 8@200$；构造筋与同方向的受力筋相同；相邻寝室横跨两室处的长度为1800 mm，靠山墙或楼梯间处的长度为900 mm。

五、要求。

(1) 必须在读懂下页图样后，才能开始绘图。

(2) 图面布置应匀称美观。

(3) 绘图要严格遵守《房屋建筑制图统一标准》和《建筑结构制图标准》的规定。

六、说明。

(1) 建议图纸基本线宽b用0.5 mm，尺寸数字高度用3.5 mm，文字说明中的房子高度用5 mm。

(2) 现浇钢筋混凝土板只需分别完整画出和注明各种不同布置的一种布置情况，其余相同处的布置，只需注明板的代号和编号。

11.4 楼层结构平面图	班级		姓名		学号	

2. 图样。

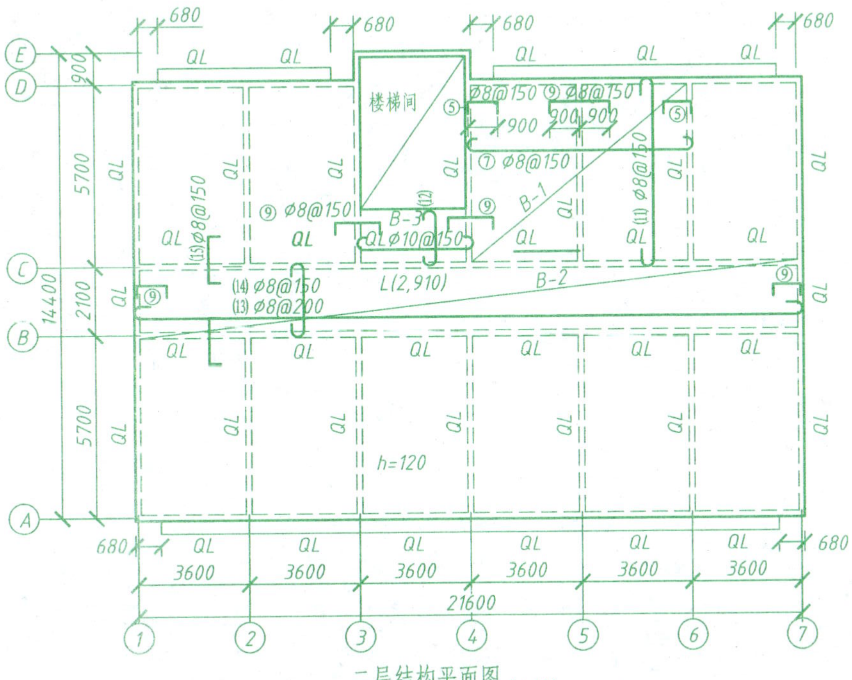

二层结构平面图 1:100

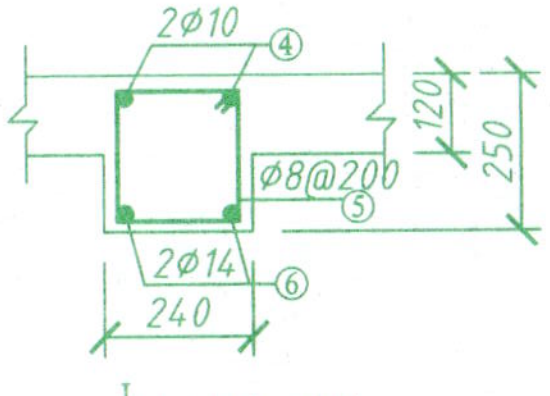

L 1:10(L-3840)

说明:

1. 梁底标高：QL2.920 m，L2.910 m。
2. 混凝土用C20。
3. 现浇板B-1上应预留圆柱形孔洞的位置、数量和直径，应与给排水工种协商。
4. 在结构平面布置图中，应标明过梁的所有信息，现为仅供练习用的学习作业，所以未表示过梁的情况。

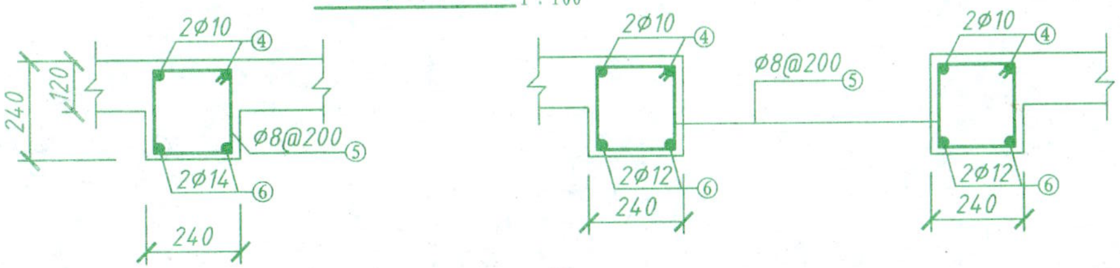

QL 1:10

上面三个断面分别表示QL位于内墙和两边外墙时与楼板连接的情况。

11.1 楼层结构平面图

班级		姓名		学号	

思考题。

(1) 机械零件图的图示内容是什么？

(2) 什么是基本尺寸、极限尺寸、实际尺寸、极限偏差？

(3) 什么是表面粗糙度？

(4) 零件图常见表达方法有哪些？

(5) 装配图的图示内容是什么？

(6) 什么是规格(性能)尺寸、装配尺寸、安装尺寸、外形尺寸？

(7) 阅读零件图的 般步骤是什么？

(8) 阅读装配图的一般步骤是什么？

12.1 思考题	班级		姓名		学号	

看懂零件图。

(1)

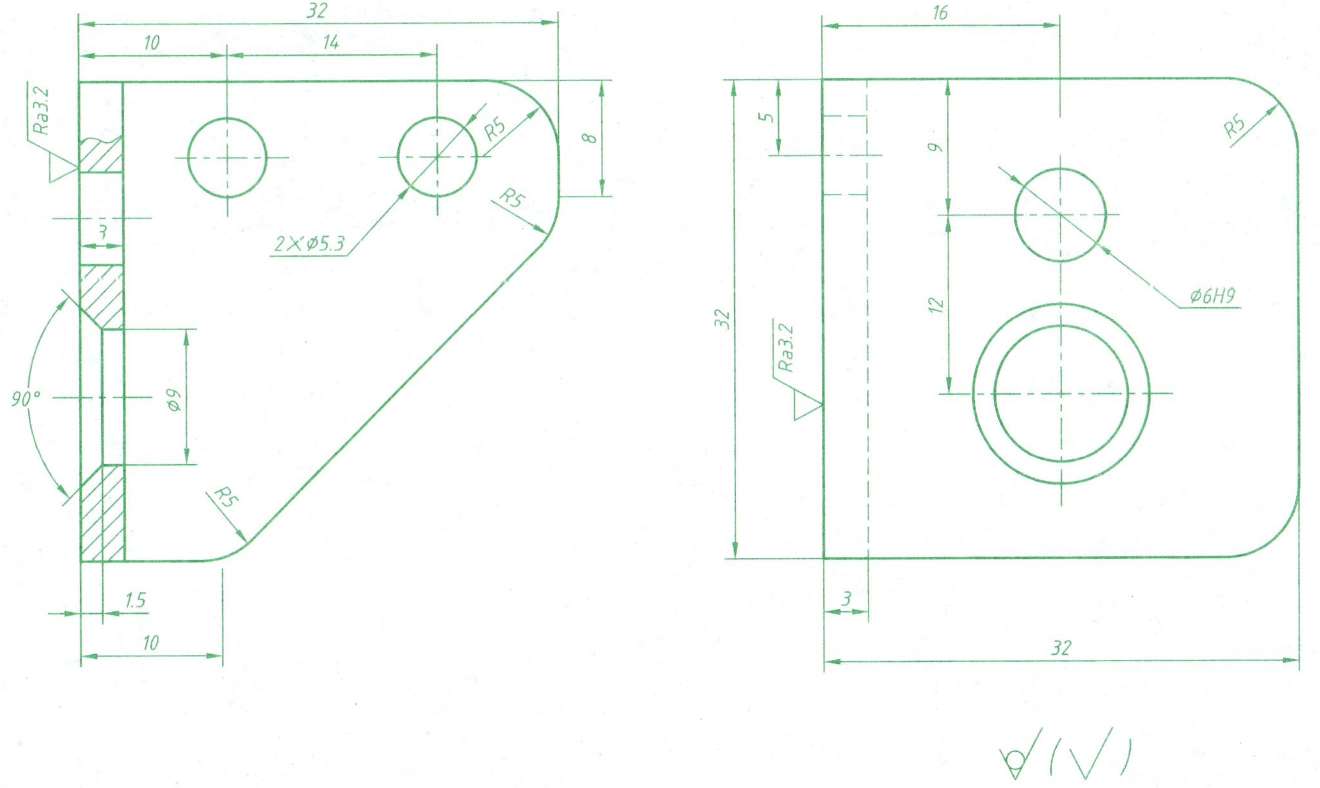

支 架	比例	2:1	图号	09-02-01
	件数	1	材料	35

 班级 姓名 学号

(2)

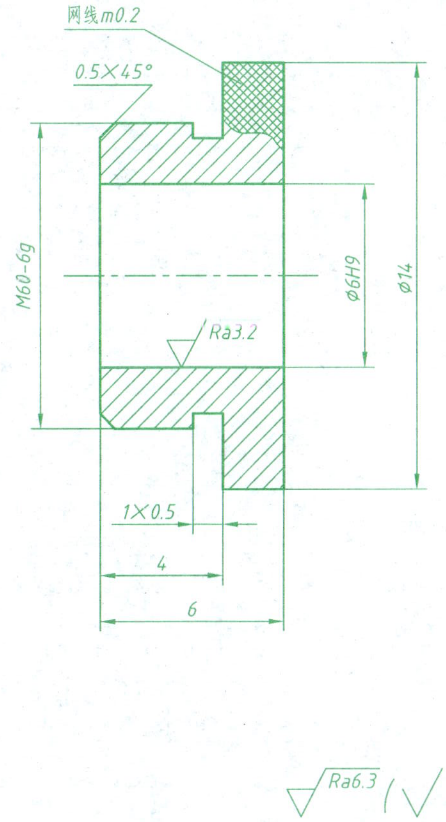

压盖	比例	4:1	图号	09-02-05
	件数	1	材料	30

(3)

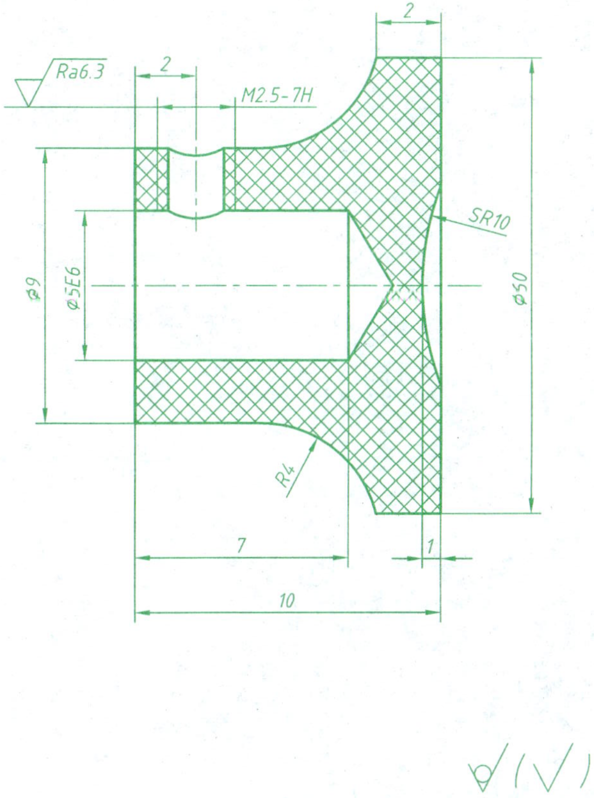

把手	比例	4:1	图号	09-02-06
	件数	1	材料	塑料

12.2 机械零件图　班级　姓名　学号

(4)

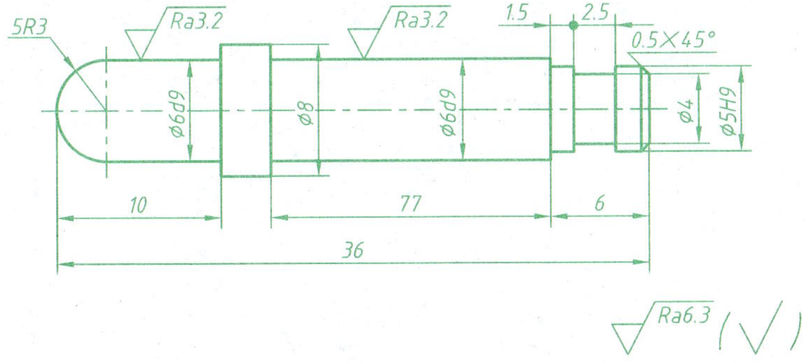

定位轴	比例	2:1	图号	09-02-02
	件数	1	材料	45

(5)

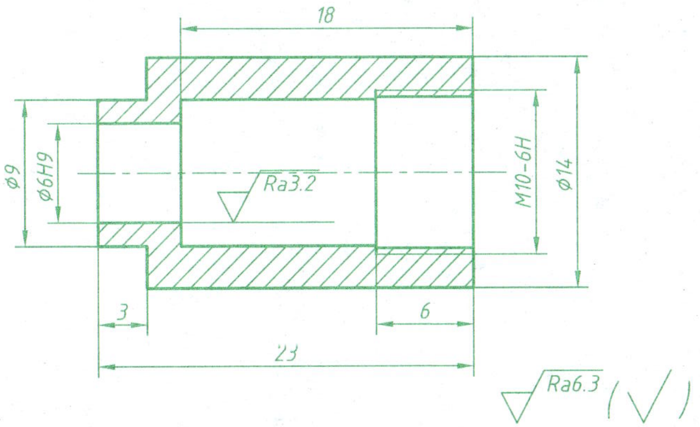

套　筒	比例	2:1	图号	09-02-03
	件数	1	材料	35

(6)

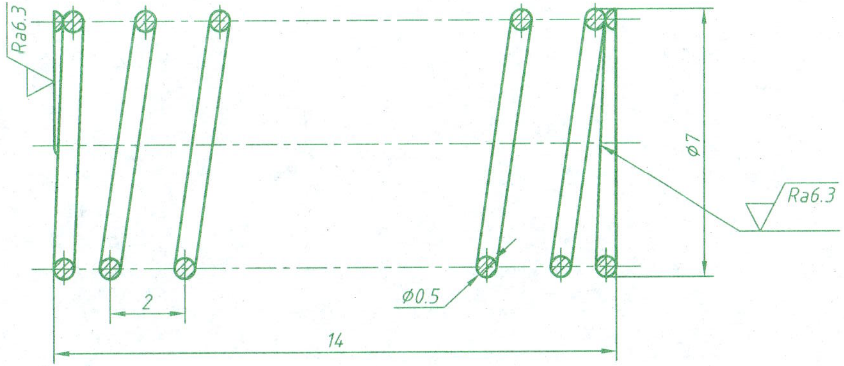

压　簧	比例	5:1	图号	09-02-04
	件数	1	材料	50

12.2 机械零件图	班级		姓名		学号	

1. 读装配图——换向阀。

工作原理：换向阀用于流体管路中控制流体的输出方向。如图所示，流体从右边进入，因上出口不通，就从下出口流出。当转动手柄4，使阀门2旋转180° 时，则下出口不通，液体就从上出口流出。根据手柄转动角度的大小，还可以调节出口处液体的流量。

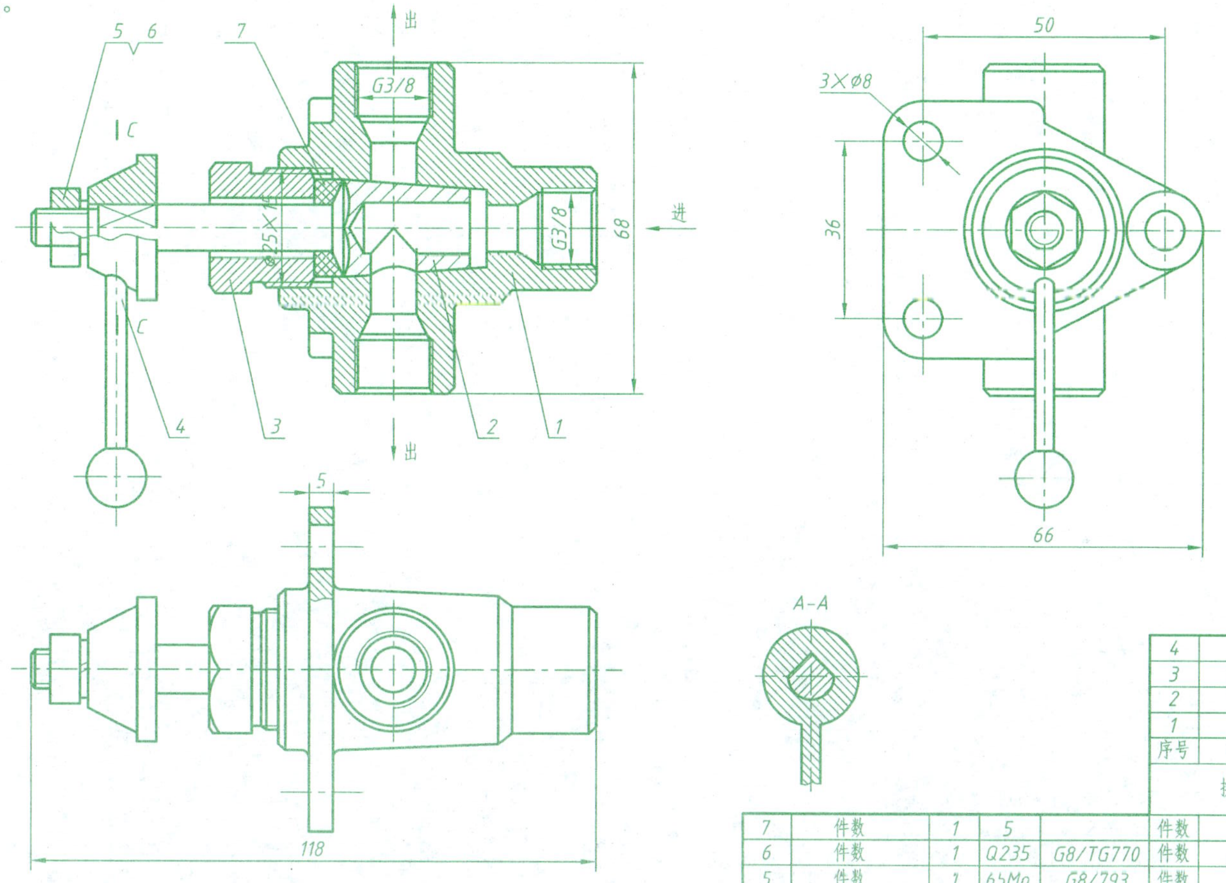

4	手柄	1	HT200			
3	序号	1	Q235			
2	序号	1	HT200			
1	序号	1	HT200			
序号	序号	序号	序号	序号		
换向阀		序号		09-04		
		序号				
7	件数	1	5		件数	序号
6	件数	1	Q235	GB/TG770	件数	
5	件数	1	65Mo	GB/793	件数	

12.3 机械装配图　　班级　　姓名　　学号

2. 读装配图——夹线器。

工作原理：夹线器是将线穿入衬套3中，然后旋转压套1，通过螺纹M36使压套向右移动，沿着锥面接触向中心收缩从而夹紧线。

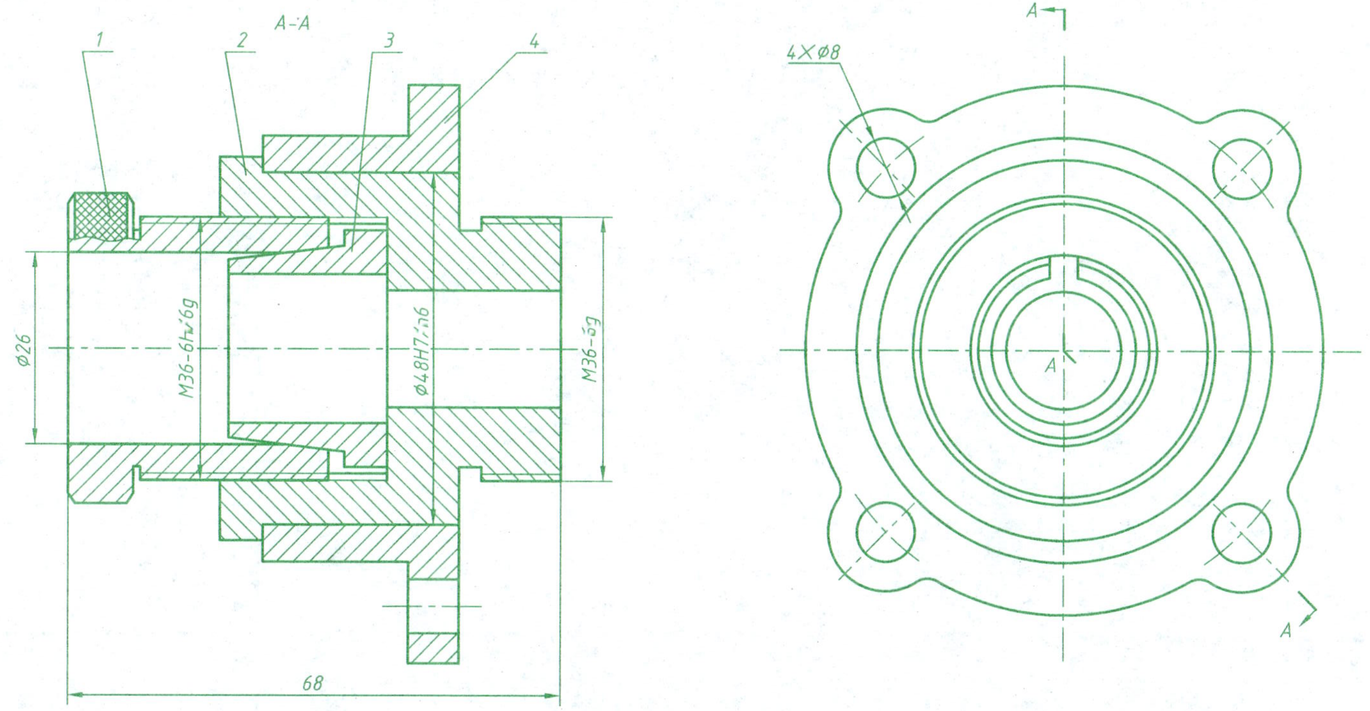

4×∅8

A—

A—

A—A

4

3

2

1

M36-6g

∅48H7/j6

68

M36-6H×6g

∅26

4	盖套	1	45		
3	衬套	1	Q235		
2	夹套	1	Q235		
1	压套	1	Q235		
序号	名称		材料	备注	

	夹线器			比例		09-05
				件数		
				重量		
制图						
核图						
审核			班级	姓名	学号	

12.3 机械装配图